Adobe After Effects
官方认证标准教材

组织编写◎文森学堂

主编◎王师备　　田荣跃　　李艮基　　沈欣怡

清华大学出版社

北　京

内 容 简 介

本书是Adobe系列丛书中的After Effects分册。本书共分为16章，内容包括认识After Effects、工作界面、项目与合成、导入素材、图层和标记、时间轴面板、关键帧动画、文本和图形、形状和蒙版、3D图层与摄像机、效果和预设、调整颜色、抠像、运动跟踪与稳定、渲染导出，以及具有代表性的综合实战案例，为读者学习提供更为复杂的操作思路。本书以丰富的案例为主导，将软件功能进行抽丝剥茧般地拆解与讲述，通过实践引导读者掌握理论知识与软件操作。案例的难度由浅入深，适合各类读者学习与参考。

图书在版编目（CIP）数据

Adobe After Effects官方认证标准教材/文森学堂组织编写；王师备等主编．—北京：清华大学出版社，2023.5

Adobe官方认证标准教材

ISBN 978-7-302-63360-0

Ⅰ．①A…　Ⅱ．①文…　②王…　Ⅲ．①图像处理软件—教材　Ⅳ．①TP391.413

中国国家版本馆CIP数据核字（2023）第061618号

责任编辑：贾小红
封面设计：姜　龙
版式设计：文森时代
责任校对：马军令
责任印制：宋　林

出版发行：清华大学出版社
　　　　网　　　址：http://www.tup.com.cn，http://www.wqbook.com
　　　　地　　　址：北京清华大学学研大厦A座　　　　邮　　编：100084
　　　　社 总 机：010-83470000　　　　邮　　购：010-62786544
　　　　投稿与读者服务：010-62776969，c-service@tup.tsinghua.edu.cn
　　　　质量反馈：010-62772015，zhiliang@tup.tsinghua.edu.cn
印 装 者：三河市龙大印装有限公司
经　　销：全国新华书店
开　　本：185mm×260mm　　印　　张：22.25　　字　　数：512千字
版　　次：2023年5月第1版　　印　　次：2023年5月第1次印刷
定　　价：99.80元

产品编号：091655-01

丛书序

Adobe Systems 创建于 1982 年，是世界领先的数字媒体和在线营销方案的供应商。Adobe 的客户包括世界各地的企业、知识工作者、创意人士和设计者、OEM 合作伙伴，以及开发人员，Adobe 致力于通过数字体验改变世界，并通过革命性创新正在重新定义数字体验的可能性。

Adobe 致力于实现"人人享有创造力"，以帮助世界各地的客户实现他们创意故事并与世界分享所需的工具、灵感和支持。

Adobe Authorized Training Center（简称 AATC，中文：Adobe 授权培训中心）是 Adobe 全球官方培训体系服务机构，旨在为院校、企业、个人等提供符合 Adobe 标准的技术技能培训服务，让更多的人掌握 Adobe 技术技能，培训考试合格后获得相应证书，为客户创造价值。

这套由 Adobe 授权培训中心牵头并参与组织编写及开发的系列丛书和配套课程，经过精心策划，通过清华大学出版社、文森时代科技有限公司的通力合作，形成了这套标准系列丛书及配套课程视频，助力数字传媒专业建设和社会相关人员培养，也助力参加各类 Adobe 标准的技术技能认证考试的学员学习。

文森时代科技有限公司是清华大学出版社第六事业部的文稿与数字媒体生产加工中心，同时"清大文森设计学堂"是一个在线开放型教育平台，开设了各类直播课堂辅导，为高校师生和社会读者提供服务。

非常感谢清华大学出版社及文森时代科技有限公司组织创作的标准教材系列丛书及配套课程视频。

北京中科卓望网络科技有限公司

（Adobe 授权培训中心）

郭功清

    Adobe After Effects 是应用非常广泛的图形视频编辑软件，具有动画制作、视频特效、后期调色、视频剪辑、视觉设计等多方面的功能，广泛应用于影视媒体及视觉创意等相关行业。电视台和多媒体工作室的影视特效、动画制作、短视频制作、栏目包装、摄像等诸多方面的从业人员，或多或少都会用到 After Effects 软件，学会用 After Effects 处理视频及制作动画是上述人员必备的一项技能。

    诚然，应用 Adobe After Effects 2020 的图形视频制作领域堪称广泛，但值得注意的是 After Effects 直译过来就是"后期效果"，这就意味着在应用该软件的诸多领域中，效果是至关重要的。事实上，也确实如此。当我们进行视觉设计、后期调色、动画制作、特效制作时，都会用到效果的功能。鉴于此，在本书的设计框架中，与效果有关的案例所占比例会相对较大，从这个角度讲，本书不仅是一本软件的操作指南，也是零基础读者学习效果制作的参考用书。

    全书内容共分为 16 章。第 1 章是认识 After Effects，首先介绍了软件的主要用途，然后介绍了软件的启动与关闭、首选项设置以及快捷键设置等基础知识。第 2 章是工作界面，主要讲解了界面的布局、不同工作区的作用、面板和查看器的详细操作以及工作流程。第 3 章是项目与合成，讲解了创建项目与合成的方法、合成的设置、合成的嵌套以及嵌套的优势。第 4 章是导入素材，介绍了所支持导入素材的类型、导入素材的方法、Photoshop 素材的不同导入方法及区别、导入序列素材的方法以及针对导入的素材所能进行的一些重要操作。第 5 章是图层和标记，讲解了图层的创建方法，以及关于图层的一些操作，包括图层的选择、复制和拆分等，详细地讲解了图层的混合模式、图层样式以及图层属性，还讲解了关于标记的知识。第 6 章是时间轴面板，详细地讲解了时间轴面板的构成、关于怎么确定入点及出点，以及改变图层速度的相关操作。第 7 章是关键帧动画，动画是 After Effects 区别于 Photoshop 的主要地方，所以 After Effects 也被称为动态 Photoshop。本章是重点章节，详细地讲述了关键帧动画的定义、制作方法，还有针对关键帧的不同操作、调节动画速度节奏的图表编辑器、父子关系以及人偶工具制作动画的方法。第 8 章是文本和图形，讲解了创建和编辑文本的方法、文本动画的制作方法以及和 Premiere Pro 进行互通的动态图形模板的创建和使用方法。第 9 章是形状和蒙版，讲解了创建形状的不同方法和形状图层的属性、创建蒙版的不同方法和蒙版的属性、蒙版动画的制作方法和内容识别填充的应用方法。第 10 章是 3D 图层与摄像机，主要讲解 3D 图层的属性及相关操作、关于 3D 渲染器和 CINEMA4D 渲染器的使用方法以及摄像机和灯光的创建方法和动画的制作方法。第 11 章是效果和预设，本章是本书的重中之重，讲解了效果的添加和编辑方法，并详细地讲解了在后期工作中常用的效果。本章案例较多，通过实际操作加深读者对效果的理解。第 12 章是调整颜色，首先讲解了颜色的基本理论知识，然后讲解了各个颜色效果的使用方法，最后讲解了综合调色 Lumetri 颜色效果，使读者对调色达到深层次的理解。第 13 章是抠像，讲解了绿幕、蓝幕抠像的不同方法以及各个方法所适用的场景，对于实景抠像工具 Roto 笔刷也进行了详细讲解，以满足不同环境下的抠像需求。第 14 章是运动跟踪与稳定，在进行合成操作时基本离不开跟踪，本章详细地讲解了单点跟踪、两点跟踪、四点跟踪、跟踪摄像机以及蒙版跟踪，可满足通常情况下的跟踪需求。第 15 章是渲染导出，讲解了最终成片的渲染导出方法、导出单帧图像的方法和使用 Adobe Media Encoder 渲染导出的方法。第 16 章是综合案例，通过更为复杂的综合案例为读者打开脑洞，激发读者的创意。

为方便读者更好、更快地学习 After Effects，本书在"清大文森设计学堂"上提供了大量辅助学习视频。清大文森学堂是 Adobe Authorized Training Center（Adobe 授权培训中心）教材的合作方，立足于"直播辅导答疑，打破创意壁垒，一站式打造卓越设计师"的理念，为读者提供丰富的、融学习、考证、就业、职场提升为一体的、系统、完善的学习服务。具体内容如下。

■ 5 小时 50 分钟的配书教学视频，以及书中所有实例的源文件、素材文件和教学课件 PPT。

■ Adobe 软件技能的培训和考试服务，通过该报名端口可快速报名参加培训、考试，获得平面设计、影视设计、网页设计等行业证书。

■ UI 设计、电商设计、影视制作训练营，以及平面、剪辑、特效、渲染等大咖课。课程覆盖入门学习、职场就业和岗位提升等各种难度的练习案例和学习建议，紧贴实际工作中的常见问题，通过全方位地学习，可掌握真正的就业技能。

读者可扫描下方的二维码，及时关注，高效学习。

在清大文森设计学堂中，读者可以认识诸多良师益友，让学习之路不再孤单。同时，还可以获取更多实用的教程、插件、模板等资源，福利多多、干货满满，期待您的加入。

本书经过精心的构思与设计，便于读者根据自己的情况翻阅学习。以案例为先导，推动读者熟悉和掌握软件操作是本书的创作出发点。如果读者是初学者，则可以循序渐进地通过精彩的案例实践，掌握软件操作的基础知识；如果读者是有一定 Adobe 设计软件使用经验的用户，也将会在书中涉及的高级功能中获取新知。读者可以从头至尾按顺序通读全书，也可以根据个人兴趣和需求阅读相关的章节。

本书配套视频　　　　扫码报名考试　　　　清大文森设计学堂

在清大文森设计学堂中，读者可以认识诸多良师益友，让学习之路不再孤单。同时，还可以获取更多实用的教程、插件、模板等资源，福利多多、干货满满，期待您的加入。

本书经过精心的构思与设计，便于读者根据自己的情况翻阅学习。以案例为先导，推动读者熟悉和掌握软件操作是本书的创作出发点。如果读者是初学者，则可以循序渐进地通过精彩的案例实践，掌握软件操作的基础知识；如果读者是有一定 Adobe 设计软件使用经验的用户，也将会在书中涉及的高级功能中获取新知。读者可以从头至尾按顺序通读全书，也可以根据个人兴趣和需求阅读相关的章节。

目录

第 14 章　运动跟踪与稳定　302

第 15 章　渲染导出　322

第 16 章　综合案例　332

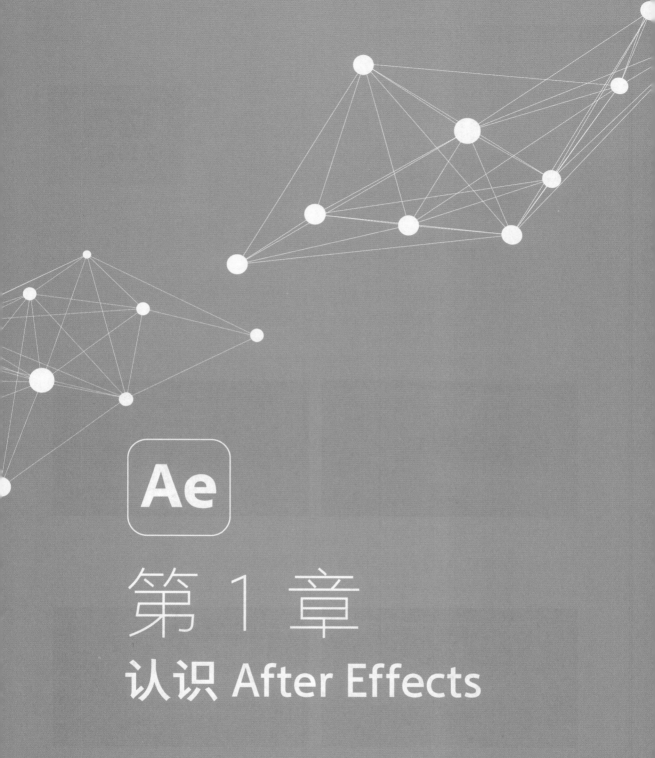

Ae

第 1 章
认识 After Effects

After Effects 翻译成汉语的意思是"特效""影视合成",所以关于 After Effects 软件的功能相信大家已经有了直观的判断。

After Effects 软件通常被称作 AE,是两个单词的首字母缩写,它的全称是 Adobe After Effects,也就是 Adobe 公司开发的图形视频处理软件。如图 1-1 所示为 Adobe 的部分影视协作软件,在视频制作中,这些软件可以互相配合,从而提高工作效率。

图 1-1

1.1　After Effects 的用途

从事视频制作以及动画制作的机构基本都离不开 After Effects,如影视制作公司、电视台、动画制作机构、传媒公司、个人自媒体等。

（1）电影《凯撒万岁》使用 After Effects 制作后期特效,如图 1-2 所示。

（2）电影《偷渡者》使用 After Effects 制作后期特效,如图 1-3 所示。

图 1-2

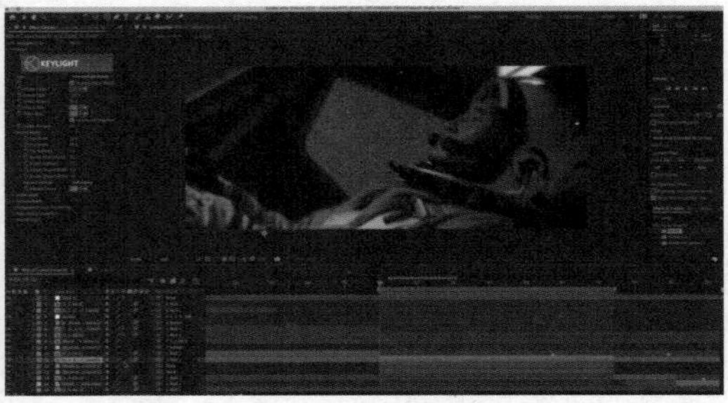

图 1-3

（3）电视剧《心灵猎人》使用 After Effects 制作后期特效,如图 1-4 所示。

（4）电影《勇往直前》使用 After Effects 制作后期特效,如图 1-5 所示。

图 1-4

图 1-5

1.2　After Effects 的启动和关闭

对于 Windows 系统,在【开始】菜单找到 After Effects 图标并且单击即可启动软件;对于

macOS 系统，在 Launchpad 里找到 After Effects 图标并且单击即可启动软件。

要关闭 After Effects 软件，Windows 系统或者 macOS 系统都可以执行【文件】-【退出】命令，或者单击软件右上角的×按钮关闭软件。

关闭软件前记得要保存项目，保存项目后会生成一个项目文件，格式为 .aep，文件标识如图 1-6 所示。

图 1-6

1.3 首选项设置

在正式使用软件工作之前，通常会设置软件的首选项，以方便后期工作。执行【编辑】-【首选项】-【常规】命令，打开【首选项】窗口，里面有很多功能及参数设置，如图 1-7 所示。接下来介绍几项最常用的软件设置。

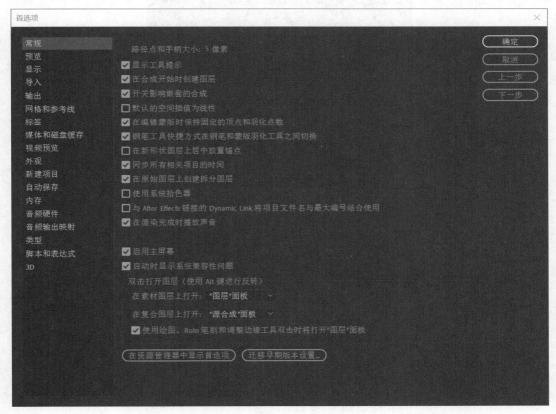

图 1-7

1. 导入

【导入】主要设置导入素材的一些属性，如图 1-8 所示。

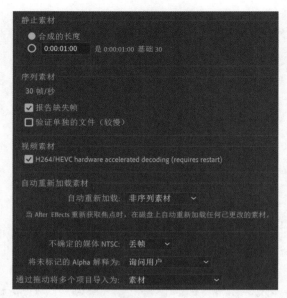

图 1-8

【静止素材】：默认选中【合成的长度】单选按钮，也就是导入的静止图像时长与合成长度相同，如果选择自定义时长，则导入的静止图像便是自定义的时间长度，与合成长度无关。

【序列素材】：默认的帧速率是 30 帧 / 秒，也就是导入到 After Effects 中的序列素材都是 30 帧/秒，与序列素材原帧率没有关系，这里为了方便工作，可以更改为与序列素材相同的帧速率。

【自动重新加载素材】：原素材本身的内容修改后，After Effects 会自动进行更新，自动重新加载的素材类型可以选择，如图 1-9 所示。

图 1-9

2. 磁盘缓存和媒体缓存

After Effects 在工作的时候会产生很多临时文件，用于加快预览和编辑的速度，这些临时文件会保存在计算机硬盘上，就是所谓的磁盘缓存，磁盘缓存默认开启且设置在 C 盘，所以如果 C 盘容量不够大，缓存文件塞满 C 盘后，After Effects 将无法工作甚至崩溃。为实现磁盘缓存的最佳性能，要将缓存文件存储于 C 盘外不同于源素材的物理硬盘上，且为磁盘缓存文件夹使用分配了尽可能多空间的快速硬盘驱动器或固态存储器（SSD），如图 1-10 所示。

当 After Effects 导入视频和音频时，会对这些导入的素材进行处理并缓存，以便在生成预览时能够易于访问，这就是所谓的媒体缓存。媒体缓存默认设置在 C 盘，也可以更改到其他硬盘，如图 1-11 所示。

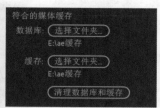

图 1-10   图 1-11

切记不管缓存设置到哪个盘符，在某个工作结束后都要清理缓存，释放空间，否则会影响 After Effects 的性能。

3．自动保存

在工作的过程中，勤按 Ctrl+S 进行保存是一个很好的习惯，可以防止 After Effects 出现问题崩溃时导致你白忙一场，但是很多时候会因为工作太投入中间就会忘记保存，而设置自动保存可以将风险降至最低，如图 1-12 所示。

图 1-12

【保存间隔】：多长时间自动保存一次。

【最大项目版本】：自动保存生成的 AEP 项目文件的最大数量。

【自动保存位置】：默认选中【项目旁边】单选按钮，方便查找，也可以选中【自定义位置】单选按钮指定保存路径。

4．内存

当同时打开几个软件的时候，建议 70% 左右的内存分配给 After Effects，如图 1-13 所示。

图 1-13

5. 音频硬件

用于选择音频的输出设备，要确保所选的输出设备和计算机目前所用的输出设备是同一个，否则 After Effects 将不能听见声音，如图 1-14 所示。

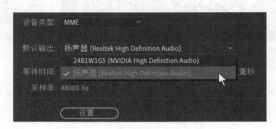

图 1-14

1.4 键盘快捷键

几乎所有的设计软件都有快捷键，After Effects 也不例外，使用快捷键可以提高工作效率。After Effects 中有默认的快捷键，也可以对快捷键进行自定义设置。

执行【编辑】-【键盘快捷键】命令，打开【键盘快捷键】对话框，可以看到所有默认快捷键，如图 1-15 所示。

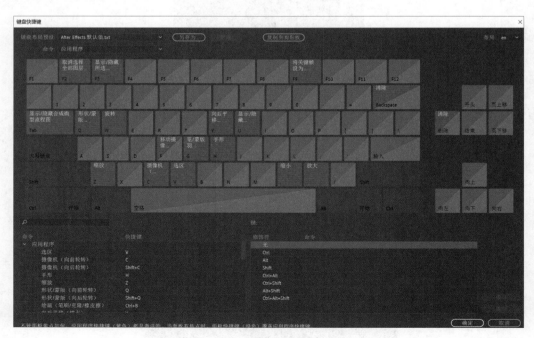

图 1-15

将鼠标移至某个按键上，就可以显示此按键作为快捷键对应的功能，如图 1-16 所示。

单击某个按键，界面右下方会显示此按键对应的所有快捷键，例如，单击【T】键，其所对应的快捷键如图 1-17 所示。

图 1-16

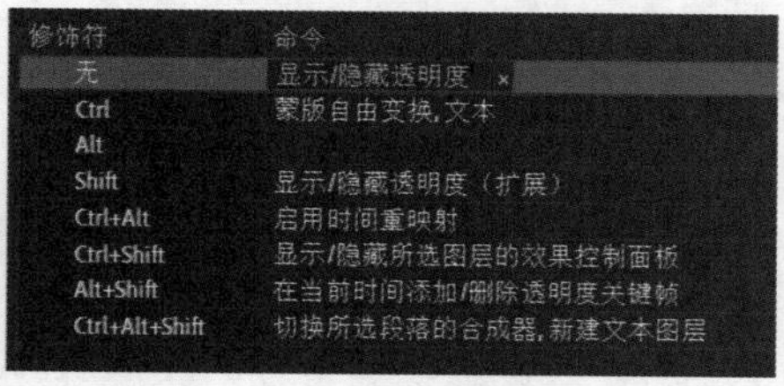

图 1-17

想要查看快捷键，只需按住或者单击修饰符即可显示，例如，按住 Ctrl 和 Shift 键，则会显示 Ctrl+Shift+ 某个键形式的快捷键，如图 1-18 所示。

图 1-18

默认快捷键是可以修改的，在左下方快捷键名称上单击，然后在显示的修改框上单击 × 按钮，就会删除默认快捷键，然后在修改框中重新输入自定义的快捷键完成修改，前提是输入的快捷键没有被占用，如图 1-19 所示。

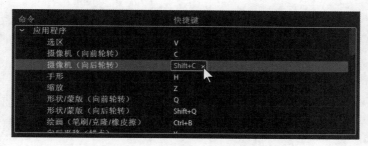

图 1-19

默认快捷键能不改尽量不要修改，以方便不同计算机之间的协同工作。

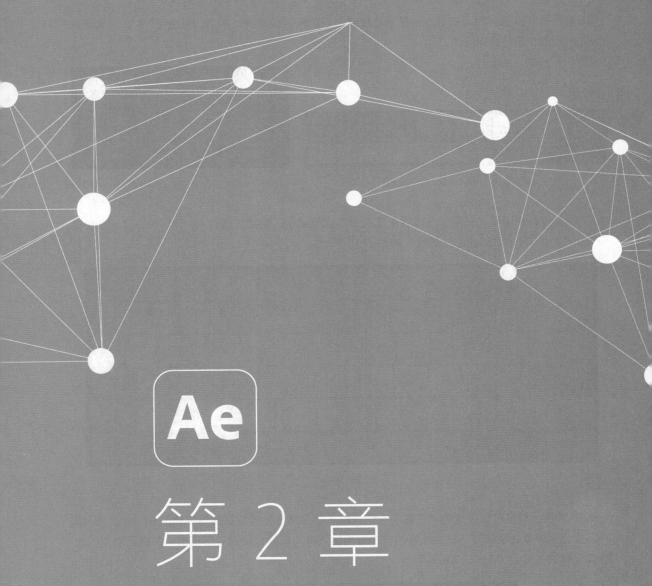

Ae

第 2 章
工作界面

认识并了解 After Effects 的工作界面，是学习该软件的第一步。

启动 After Effects 软件后，一般默认会显示【主页】窗口，可以新建项目、打开项目或者打开最近使用项，如图 2-1 所示。如果不想显示【主页】窗口，可以执行【编辑】-【首选项】-【常规】命令，取消选中【启动主屏幕】，再次启动软件时【主页】窗口将不会显示。

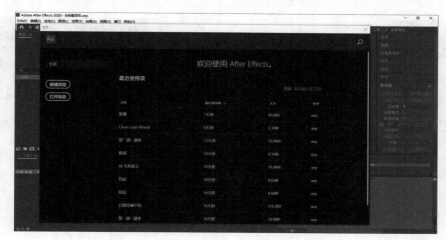

图 2-1

2.1　常规用户界面

1. 界面构成

After Effects 常规的工作界面如图 2-2 所示。

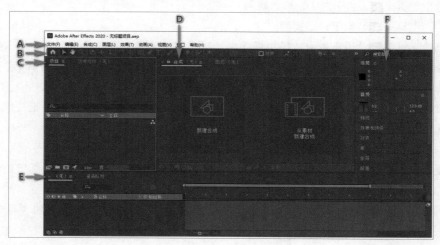

A——菜单栏　B——工具栏　C——【项目】面板　D——【查看器】窗口

E——【时间轴】面板　F——折叠面板区

图 2-2

2．菜单栏

After Effects 的顶部是一排菜单命令，单击每个菜单按钮都会弹出下拉菜单，有的菜单还会有二级甚至三级菜单，如图 2-3 所示。常用的功能和操作命令基本都可以在菜单栏找到。

图 2-3

3．工具栏

工具栏集合了 After Effects 经常使用的工具，如图 2-4 所示。直接单击工具栏中的按钮，即可选择相应的工具进行编辑操作，其中右下角有小三角的表示工具组，按住鼠标不放即可显示工具组中的所有工具。

图 2-4

【选取工具】：用于选择、移动对象。

【手形工具】：用于移动视图。

【缩放工具】：用于放大或缩小视图，选择【缩放工具】后在视图上直接单击可以放大视图，若要缩小视图，则按住 Alt 键在视图上单击（开启三维图层开关后，按住 Alt 键将变为三维视图操作）。

【旋转、平移、推拉工具】：分别用于三维图层视图的旋转、平移、推拉操作。

【旋转工具】：在视图中为对象执行旋转操作。

【向后平移（锚点）工具】：用于改变对象的轴心点位置。

【矩形工具】：用于创建形状图层或蒙版的工具组，包括【矩形工具】【圆角矩形工具】【椭圆工具】【多边形工具】【星形工具】。

【钢笔工具】：用于绘制不规则形状图层或蒙版，包括【钢笔工具】【添加"顶点"工具】【删除"顶点"工具】【转换"顶点"工具】【蒙版羽化工具】。

【文字工具】：用于创建文本的工具组，包括【横排文字工具】【直排文字工具】。

【画笔工具】：只能在【图层查看器】窗口使用，用于绘制图形。

【仿制图章工具】：只能在【图层查看器】窗口使用，用于修饰图层或为图层添加重复元素。

【橡皮擦工具】：只能在【图层查看器】窗口使用，会擦除图层的内容使其透明。

【Roto 笔刷工具】：只能在【图层查看器】窗口使用，用于抠出对象的工具组，包括【Roto 笔刷工具】【调整边缘工具】。

【人偶位置控点工具】：通过控点制作变形动画的工具组，包括【人偶位置控点工具】【人偶固化控点工具】【人偶弯曲控点工具】【人偶高级控点工具】【人偶重叠控点工具】。

4．【项目】面板

【项目】面板用于管理导入的素材和创建的合成，所有的素材和合成都会显示在【项目】面板中，面板的上方是所选素材或合成的缩略图、尺寸和帧速率等基本信息，如图 2-5 所示。

图 2-5

5．【查看器】窗口

在创建或打开一个合成后，【查看器】窗口默认显示【合成】查看器的内容，【合成】查看器右侧分别为【图层】查看器和【素材】查看器，如图 2-6 所示。【查看器】窗口就好比监视器，用于显示各个层的效果，而且可以对层进行直观的调整，包括移动、缩放和旋转等。

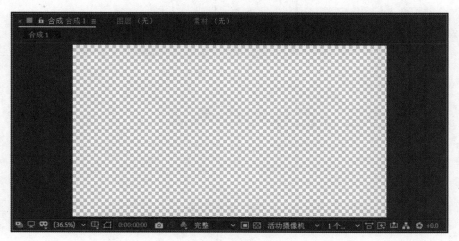

图 2-6

提示

在【查看器】窗口激活的状态下，按<键缩小视图，按>键放大视图，按/键为100%显示视图，按~键全屏显示视图。

6. 【时间轴】面板

所有图层都会显示在【时间轴】面板上，【时间轴】面板用于操作图层以及控制对象间的时间关系，如图2-7所示。

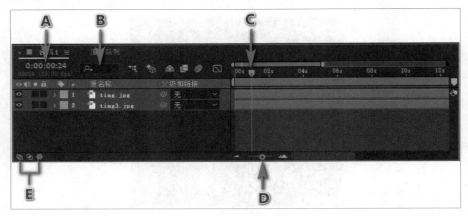

图2-7

A 时间码：表示当前时间，默认的显示单位为秒，按Ctrl键的同时单击时间码，显示单位会变为帧。直接单击可以进入编辑状态，输入时间即可观察此时间点的画面。

B 图层搜索栏：当一个合成中有很多图层的时候，可以在此输入图层名称进行搜索，会单独显示被搜索的图层而隐藏其他图层。

C 当前时间指示器（CTI）：所在位置表示当前时间的单帧画面，移动或拖到当前时间指示器可以对合成画面进行手动预览，后文中简称为"指针"。

D 缩放滑块：用于缩放时间标尺区域的大小。

E 折叠按钮：从左至右分别控制着【图层开关】【转换控制】【入出点】窗格的折叠与显示。

2.2 工作区、面板和查看器

1. 选择工作区

After Effects 提供了14种不同的工作区，可以根据工作的需要选择不同的工作区，执行【窗口】-【工作区】命令，会展开不同工作区的菜单，如图2-8所示，使用鼠标直接单击即可选择相应的工作区。

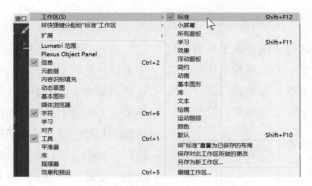

图 2-8

　　这里展示了【颜色】工作区和【基本图形】工作区，如图 2-9 与图 2-10 所示，其余工作区请自行查看。

【颜色】工作区

图 2-9

【基本图形】工作区

图 2-10

2．面板

After Effects 的工作界面基本上是由各种功能不同的面板构成的，可以根据工作需要通过【窗口】菜单打开或关闭相应的面板，面板名称前有对号标志的表示此面板是打开状态，如图 2-11 所示。

3．自定义工作区

After Effects 的所有面板都可以从工作区中单独分离出来浮于上方，而且可以任意移动位置，如将【段落】面板分离出来，可以将鼠标放在【段落】面板顶部的标签上右击或者单击■按钮，在弹出的菜单中选择【浮动面板】选项，如图 2-12 所示，【段落】面板被分离出来，如图 2-13 所示，此时可以任意移动【段落】面板的位置。

图 2-12

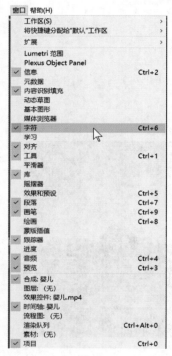

图 2-11

图 2-13

浮动的面板可以放回原位置停靠，也可以根据自己的喜好放到其他位置停靠，重新排列面板布局。

鼠标选择面板顶部标签拖曳面板到想要停靠的位置，放置区会变为高光状态，此时松开鼠标，面板便会停靠到此处，如图 2-14 所示。

图 2-14

按个人喜好重新排列面板后，可以将新的布局保存起来，成为一个新的工作区，方便以后工作时直接调用。执行【窗口】-【工作区】-【另存为新工作区】命令，在弹出的【新建工作区】对话框中输入新工作区的名称，单击【确定】按钮即可创建一个新的工作区，如图 2-15 所示。关闭 After Effects 时该工作区会自动保存，下次打开软件时会直接进入该工作区。

图 2-15

4. 查看器类型

【查看器】窗口可以包含多个合成、图层或素材项目，或者一个此类项目的多个视图。【查看器】窗口包括【合成】【素材】【图层】【流程图】。

（1）【合成】查看器：在【项目】面板中双击合成或者新建合成可以打开【合成】查看器，当对合成的图层进行编辑时，可以在【合成】查看器中监视画面内容，如图 2-16 所示。

（2）【素材】查看器：在【项目】面板中双击素材，可以激活【素材】查看器，在查看器内的时间轴上可以进行素材粗剪，如图 2-17 所示。

图 2-16

图 2-17

（3）【图层】查看器：在【时间轴】面板中双击图层，可以激活【图层】查看器，并且可以在查看器内的时间轴上修剪素材以及使用【Roto 笔刷工具】进行抠像等操作，如图 2-18 所示。

图 2-18

（4）【流程图】查看器：单击【项目】面板右侧或者【合成】窗口下的【合成流程图】按

钮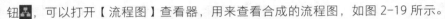，可以打开【流程图】查看器，用来查看合成的流程图，如图 2-19 所示。

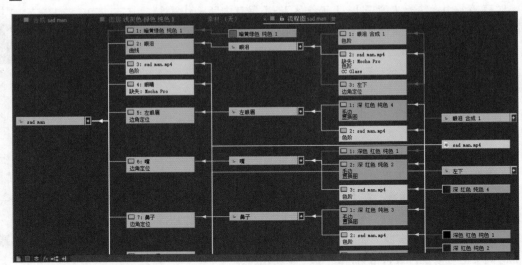

图 2-19

5.【合成】窗口详解

【合成】窗口有自己的工具栏，如图 2-20 所示。

图 2-20

（1）【始终预览此视图】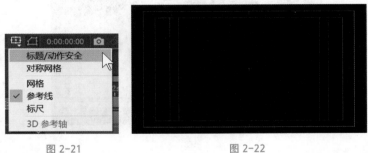：把当前视图作为默认的预览视图。

（2）【主查看器】：使用此查看器进行音频和外部视频预览。

（3）【Adobe 沉浸式环境】：在编辑 VR 视频时使用。

（4）【放大率弹出式菜单】 (33.3%)：用于设置视图的显示比率。

（5）【选择网格和参考线选项】：添加安全框、网格、参考线等，如图 2-21 所示。

■ 【标题/动作安全】：为视图添加安全框，如图 2-22 所示。

图 2-21   图 2-22

■ 【对称网格】：为画面添加对称网格，方便画面排版，如图 2-23 所示。

■ 【网格】：为画面添加更密集的网格，如图 2-24 所示。

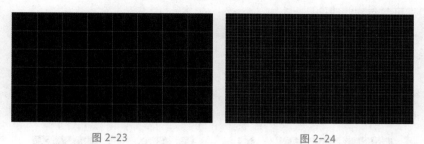

图 2-23   图 2-24

■ 【标尺】：当画面中需要定位时会用到标尺，执行【视图】-【显示标尺】命令也可以
调出标尺，快捷键为 Ctrl+R。光标放在标尺上时会变为 ，此时拖曳鼠标可生成参考线，
如图 2-25 所示。

图 2-25

将参考线拖曳回标尺的位置或者执行【视图】-【清除参考线】命令即可删除参考线；在【选
择网格和参考线选项】下拉菜单中取消选中【参考线】，会隐藏参考线；也可以执行【视图】-【显
示参考线】命令隐藏参考线，快捷键为 Ctrl+;。

执行【视图】-【对齐参考线】命令（快捷键为 Ctrl+Shift+;），使用【选取工具】移动对象
靠近参考线时，对象会自动吸附到参考线上。

执行【视图】-【锁定参考线】命令（快捷键为 Ctrl+Alt+Shift+;），会将参考线锁定，防止
误操作将参考线移动位置。

（6）【切换蒙版和形状路径可见性】 ：用于显示或隐藏蒙版和形状图形的路径线，如
图 2-26 所示。

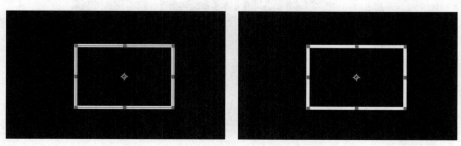

图 2-26

（7）【预览时间】 0:00:00:00 ：表示当前画面位于哪个时间，单击会弹出【转到时间】对话框，更改时间值即可跳转到此时间。

（8）【拍摄快照】 ：用于捕捉图像内容，与【显示快照】 配合使用，捕捉图像后单击【显示快照】按钮不放即可显示捕捉的图像，此功能主要用于画面对比。

（9）【显示通道及色彩管理设置】 ：设置画面单独显示 RGB、红色、绿色、蓝色、Alpha 通道等，如图 2-27 所示。

■ 【RGB】：显示 RGB 通道，也就是原画面，如图 2-28 所示。

图 2-27　　　　　　　　　　　　　　　　图 2-28

■ 【红色】：显示红色通道，用灰度级别代表红色光的分布情况，如图 2-29 所示。

图 2-29

■ 【绿色】：显示绿色通道，用灰度级别代表绿色光的分布情况，如图 2-30 所示。
剩余通道可以自行查看效果，这里不再举例。

（10）【分辨率/向下采样系数弹出式菜单】 完整 ：用于设置当前合成画面的预览分辨率，如图 2-31 所示。

图 2-30　　　　　　　　　　　　图 2-31

分辨率数值越大，画面越清晰，预览速度越慢；分辨率数值越小，画面越模糊，预览速度越快。这里分辨率的高低仅指预览效果，不影响最终输出结果。如图 2-32 所示为完整分辨率和自定义十分之一分辨率的对比。

图 2-32

（11）【目标区域】：用于设置合成画面的显示区域。单击【目标区域】按钮，然后在查看器窗口框选某一区域，则查看器窗口只会显示框内的内容，如图 2-33 所示。

框选目标区域后执行【合成】-【裁剪合成到目标区域】命令，该合成的尺寸就会变为目标区域的尺寸，如图 2-34 所示。

图 2-33　　　　　　　　　　　　　　　图 2-34

（12）【切换透明网格】▨：用于显示和隐藏合成的默认背景，隐藏背景后会变为透明，如图 2-35 所示。

（13）【3D 视图弹出式菜单】`活动摄像机 ∨`：用于选择当前视图的显示方式，如图 2-36 所示。

图 2-35　　　　　　　　　　　　　　　　图 2-36

- 【活动摄像机】：合成画面的默认显示方式，如图 2-37 所示。
- 【正面】：显示正视图，如图 2-38 所示。

图 2-37　　　　　　　　　　　　　　　　　图 2-38

- 【左侧】：显示左视图，如图 2-39 所示。

其余视图不再举例说明，请自行尝试。

（14）【选择视图布局】 ：用于设置查看器窗口是单视图还是多视图，如图 2-40 所示。

图 2-39　　　　　　　　　　　　　　　　　图 2-40

如图 2-41 所示为【4 个视图】显示，其余显示方法请自行尝试。

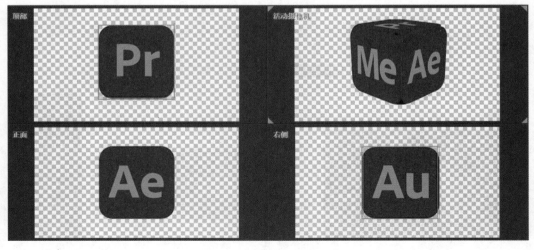

图 2-41

（15）【切换像素长宽比校正】▣：用于修正像素长宽比。

（16）【快速预览】▣：用于选择预览模式，包括最终品质、自适应分辨率、草图、快速绘图、线框。

（17）【时间轴】▦：在【时间轴】面板关闭的情况下，单击此按钮会激活【时间轴】面板。

（18）【合成流程图】▦：激活【流程图】窗口，显示流程图。

（19）【重置曝光度】▣：重置合成画面的曝光度，与【调整曝光度】+0.0 配合使用，仅影响预览效果，不影响最终输出结果。

2.3　工作流程

无论使用 After Effects 为简单字幕制作动画、创建复杂运动图形，还是合成真实的视觉效果，通常都需遵循如下相同的基本工作流程。

（1）新建或打开项目。

（2）导入和组织素材。

（3）在合成中创建、排列和组合图层。

（4）修改图层属性和为其制作动画。

（5）添加效果并修改效果属性。

（6）预览、渲染和导出。

2.4　总结

熟悉、掌握工作界面的各个窗口、面板，并按自己的操作习惯重新布局界面，可以提高学习和工作效率，让我们马上开启下一章节的内容吧！

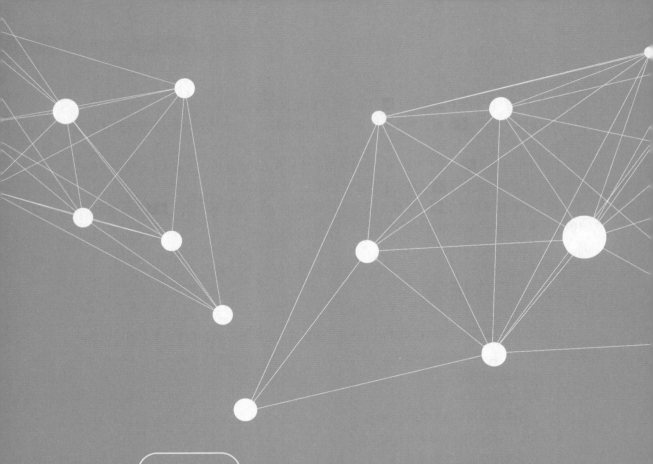

Ae

第 3 章
项目与合成

After Effects 的项目是一个文件，用于存储合成以及该项目中所使用的全部源文件，项目最终的存储格式为 ".aep"，存储项目并不会影响项目中使用的素材本身。

3.1　创建和打开项目

启动 After Effects 后，首先要新建项目或者打开已有的项目，一次只能新建或打开一个项目。如果在一个项目上创建或打开其他项目文件，After Effects 会提示保存当前项目，然后将其关闭。

要创建项目，可以在【主页】窗口直接单击【新建项目】按钮，或者执行【文件】-【新建】-【新建项目】命令来创建一个项目，创建好项目后各面板都是空白状态，如图 3-1 所示。

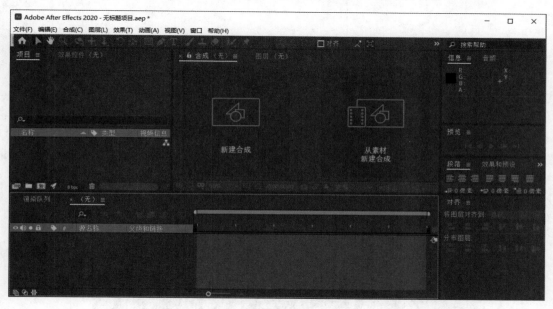

图 3-1

3.2　合成基础知识

合成是影片的框架，每个合成都有其自己的尺寸和时间轴。典型合成包括视频和音频素材、动画文本和矢量图形、静止图像以及合成等多个图层。After Effects 中的合成类似于 Flash Professional 中的影片剪辑或者 Premiere Pro 中的序列。

每个合成在【项目】面板中都有一个条目，图标类似于一格电影胶片，如图 3-2 所示，双击【项目】面板中的合成条目便可在【时间轴】面板中打开合成。

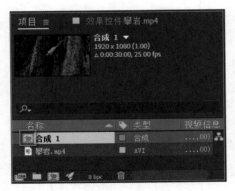

图 3-2

3.3 创建合成

1. 创建合成的方法

执行【合成】-【新建合成】命令（快捷键为 Ctrl+N），会打开【合成设置】对话框，设置完成后单击【确定】按钮即可创建合成，如图 3-3 所示。

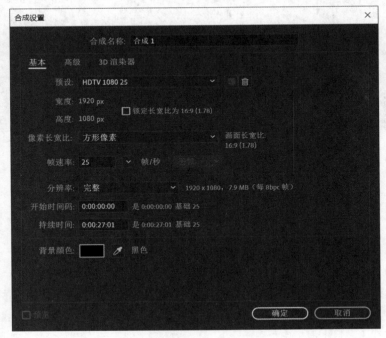

图 3-3

单击【项目】面板下方的【新建合成】按钮或者单击【合成】窗口的【新建合成】按钮，直接新建合成，如图 3-4 所示。

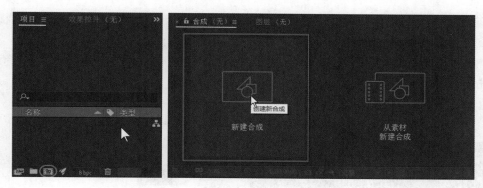

图 3-4

在【项目】面板空白处右击，在弹出的菜单中选择【新建合成】选项创建合成，如图 3-5 所示。将素材拖曳到位于【项目】面板底部的【新建合成】按钮上创建合成，如图 3-6 所示。

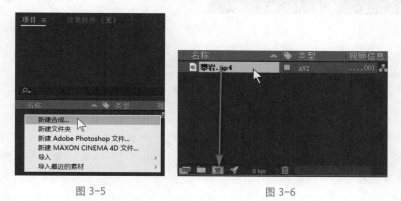

图 3-5   图 3-6

将素材拖曳到空白的【时间轴】面板或者空白的【合成】查看器创建合成，如图 3-7 所示。

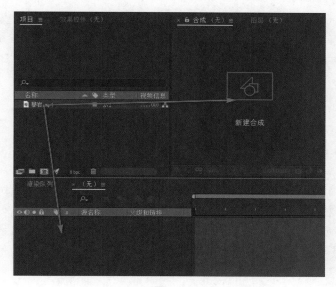

图 3-7

在【项目】面板选择素材，执行【文件】-【基于所选项新建合成】命令，快捷键为
Alt+\，也可以直接新建合成。

单击【合成】查看器中的【从素材新建合成】按钮，打开【导入文件】对话框，选择素材
后单击【导入】按钮新建合成，如图 3-8 所示。

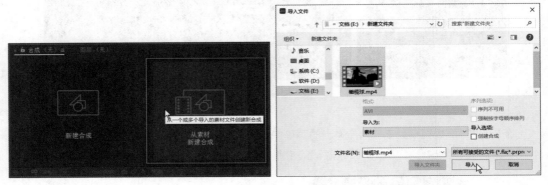

图 3-8

提示

如果在【导入文件】对话框中选择多个素材，则会弹出【基于所选项新建合成】对话框。
可以选择是使用所有素材项目创建单个合成，还是为每个单独的素材都创建一个合成。

这几种使用素材创建合成的方法所创建的合成，包括尺寸和像素长宽比等在内的合成设置
将自动设置为与素材的特性相匹配。

2. 复制合成

合成还可以从已有的合成中复制得到，在【项目】面板中选择已有的合成，执行【编辑】-
【重复】命令，或者按 Ctrl+D 快捷键，就会得到此合成的副本，此时按下回车键，可以修改合
成的名字，这样新的合成就创建完成了。这两个合成是独立的存在，修改一个合成的设置不会对
另一个产生影响。

3.4 合成设置

新建合成时会弹出【合成设置】对话框，可以对合成进行设置，创建好的合成也可以更改设
置，在【项目】面板中选择要进行设置的合成，或者在【时间轴】面板中激活要进行设置的合成，
执行【合成】-【合成设置】命令，或者右击，在弹出的菜单中选择【合成设置】选项，都会弹出
【合成设置】对话框，如图 3-9 所示，快捷键为 Ctrl+K。

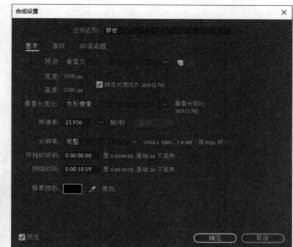

图 3-9

合成设置分为基本合成设置和高级合成设置，下面分别对其选项进行说明。

1. 基本合成设置

（1）【预设】：展开其下拉菜单，会看到 After Effects 提供的合成预设，这些预设已经设置好了视频制式、视频尺寸、像素长宽比、帧速率等，选择一个预设，这些参数值都会随之发生改变，如图 3-10 所示。

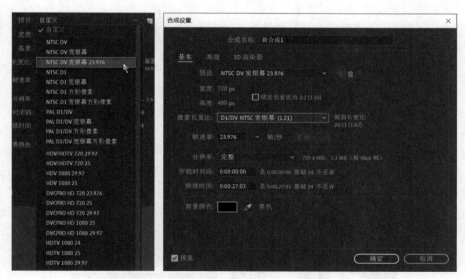

图 3-10

选择【自定义】选项就可以手动输入视频的尺寸、像素长宽比、帧速率、分辨率等属性值，都设置好后可以单击右侧的【保存】按钮，弹出【选择名称】对话框，如图 3-11 所示，输入名称后单击【确定】按钮即可将自定义的合成设置保存为预设，方便后期直接调用。

如果要删除合成的预设，直接单击【保存】按钮右侧的【删除】按钮即可，想要恢复被删除的默认合成预设，按住 Alt 键单击【删除】按钮 ▣ 即可。

（2）【宽度 / 高度】：用于设置合成的尺寸，也就是合成的宽和高分别是多少个像素。随着影像技术不断提高，从标清（SD）到高清（HD），再到超高清（FHD）甚至 4K UHD、8K UHD，画面的清晰度越来越高，如图 3-12 所示。

图 3-11   图 3-12

- HD：HD 是英文 high definition 的简称，也就是俗称的 720 P 和 1080 P，是指垂直像素值大于等于 720 的图像或视频，也称为高清图像或高清视频，尺寸一般是 1280 px × 720 px 和 1920 px × 1080 px。
- 4K UHD：4K 超高清，也就是 ultra HD，是由 4096 × 2160 个像素构成的，相比于 HD，分辨率提升 4 倍以上。
- 8K UHD：尺寸能够达到 7680 px × 4320 px，像素量是 4K UHD 的 4 倍，单帧画面可包含 3000 多万个像素，可以展现更多的画面细节。

（3）【像素长宽比】：像素长宽比（PAR）指图像中一个像素的宽与高之比。多数计算机显示器使用方形像素，但许多视频格式使用非方形的矩形像素，如果素材使用非方形像素，则 After Effects 在【项目】面板中素材的缩略图旁会显示像素长宽比，可以在【解释素材】对话框中更改各个素材的像素长宽比解释。

（4）【帧速率】：合成帧速率确定每秒的帧数，也就是每秒刷新的图片的张数，帧速率决定在时间标尺和时间显示中如何将时间划分给帧。可以理解为合成帧速率指定每秒从源素材对图像进行多少次采样，以及设置关键帧时所依据的时间划分方法。

对于人眼来说，物体被快速移走时不会立刻消失，会有 0.1 ～ 0.4 秒的视觉暂留，如果播放图片的速度达到每秒 16 张，即帧速率达到 16 帧 / 秒，就会在人眼中形成连贯的画面，而且帧速率越高，画面便会越流畅。早期的默片电影受制于技术的限制，采用了较低的电影帧速率，如图 3-13 所示。

随着电影技术的成熟，现在的主流电影一般都采取 24 帧 / 秒的拍摄和放映速度。

（5）【分辨率】：有 5 个选项可供选择，如图 3-14 所示，用于设置预览渲染的像素值。

图 3-13   图 3-14

- 　【完整】：渲染合成中的每个像素。提供最佳图像质量，但是渲染所需的时间最长。
- 　【二分之一】：渲染全分辨率图像中包含的四分之一像素，即列的一半和行的一半。
- 　【三分之一】：渲染全分辨率图像中包含的九分之一的像素。
- 　【四分之一】：渲染全分辨率图像中包含的十六分之一的像素。
- 　【自定义】：以指定的水平和垂直分辨率渲染图像。

这里设置的分辨率等同于【查看器】窗口下的【分辨率／向下采样系数弹出式菜单】，这种分辨率设置的高低仅影响预览的画面质量，与最终输出成片的清晰度没有关系。

（6）【开始时间码】：指合成的第一个帧的时间码，此值不影响渲染结果，它仅表示开始计数的时间值。

（7）【持续时间】：指合成的时间长度。

（8）【背景颜色】：设置默认的背景颜色，初始背景颜色为黑色。

2．高级合成设置

高级合成设置的界面如图 3-15 所示。

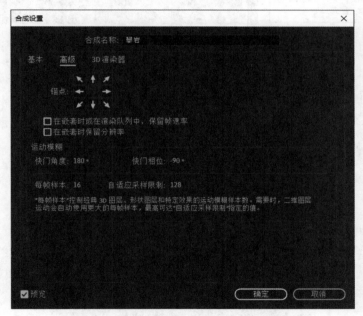

图 3-15

【锚点】：在调整合成的大小时，单击某个箭头按钮将图层锚定到合成的一角或边缘。

【在嵌套时或在渲染队列中，保留帧速率】／【在嵌套时保留分辨率】：用于保留其自身的分辨率或帧速率，而不受其作为层所在合成的帧速率或分辨率的影响。

【快门角度】：对启用【运动模糊】的对象起作用，使用素材帧速率确定影响运动模糊量的模拟曝光，角度值越大则运动模糊效果越明显。

【快门相位】：定义一个相对于帧开始位置的偏移量，用于确定快门何时打开。如果应用了运动模糊的对象看起来滞后于未应用运动模糊的对象的位置，则调整此值进行修复。

3.5 合成嵌套

嵌套是一个合成包含在另一个合成中，嵌套合成显示为合成中的一个图层。如"合成 2"嵌套在"合成 1"里，则"合成 2"在"合成 1"中显示为一个图层。同理，"合成 2"里也可以有嵌套图层，如图 3-16 所示。

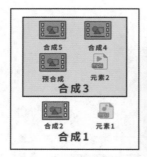

图 3-16

从【项目】面板中把合成拖曳到【时间轴】面板中的另一个合成中即可完成嵌套，或者将其直接拖曳到【查看器】窗口中进行嵌套，如图 3-17 所示。

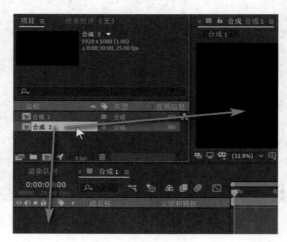

图 3-17

3.6 预合成

如果要对合成中已存在的某些图层进行分组，可以预合成这些图层。预合成图层会将这些图层放置在新合成中，替换原始合成中的图层，也就是说将一个或多个图层合并成一个合成作为一个单独的层，是生成嵌套图层的一种快捷操作。

在【时间轴】面板中选择需要预合成的一个或多个图层，执行【图层】-【预合成】命令（快捷键为 Ctrl+Shift+C），或者在选中的图层上右击，在弹出的菜单栏里选择【预合成】选项，会弹出【预合成】对话框，修改合成名称，单击【确定】按钮完成操作，如图 3-18 所示。

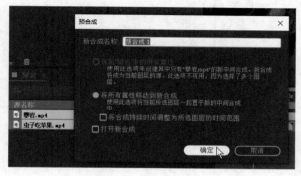

图 3-18

【保留其中的所有属性】：原始合成中进行预合成的图层的属性和关键帧会继承到预合成后的合成图层上，原图层的属性和关键帧会消失。当选择多个图层、一个文本图层或一个形状图层时，此选项不可用。

【将所有属性移动到新合成】：原始图层的属性和关键帧并不会继承到预合成的图层上，而是保留在原图层上。

3.7　合成嵌套的优势

合成嵌套的优势主要包括如下 3 点。

（1）将复杂更改应用到整个合成。创建包含多个图层的合成，然后在另一个合成中嵌套该合成，并对嵌套合成进行动画制作以及应用效果，那么嵌套合成中的所有图层会以相同方式更改。

（2）重复使用嵌套合成的内容。对嵌套合成进行动画制作以及应用效果后，可以根据需要将该嵌套合成拖曳到其他合成中完成新的嵌套，动画及效果也会跟随嵌套合成一起移动。

（3）一步完成更新。当对嵌套合成内的图层进行更改时，这些更改将影响使用此嵌套合成的每个合成，就好比对源素材所做的更改将影响其中使用此素材的每个合成一样。

3.8　总结

合成可以看作一个一个的视频包，不是所有的制作都可以在一个合成中完成，针对复杂的视频动画操作，就需要用到合成嵌套。

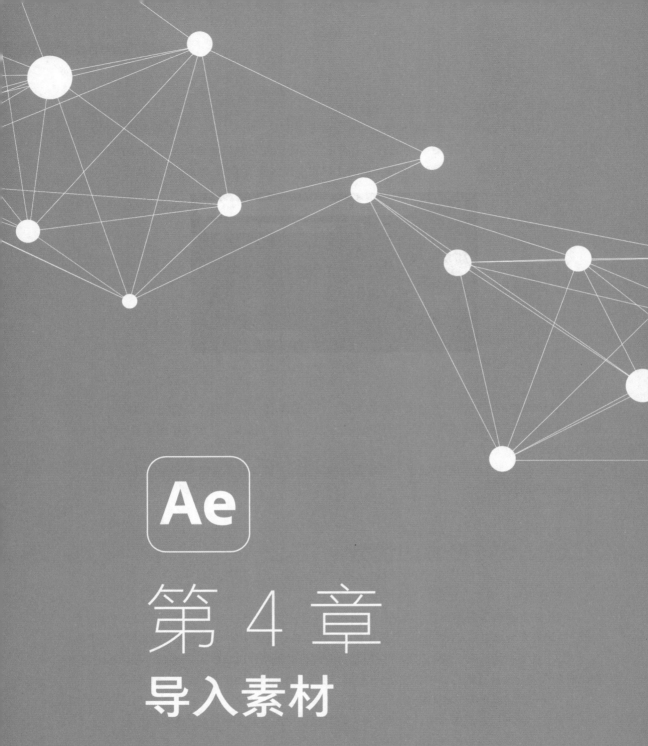

Ae

第4章

导入素材

使用 After Effects 进行工作的时候，首先要将素材导入【项目】面板中，然后将素材拖曳到【时间轴】面板中生成图层进行合成制作。

4.1　支持的素材类型

After Effects 支持导入多种素材，包括静止图像、3D 模型、矢量图形、序列、视频、音频、Photoshop 文件、Illustrator 文件、After Effects 项目文件、Premiere Pro 项目文件等，如图 4-1 所示。素材以图层的形式在合成中使用，After Effects 不会对素材本身做任何修改。

图 4-1

4.2　导入素材的方法

在【项目】面板的空白处右击，在弹出的菜单中执行【导入】-【文件】命令，或者直接在【项目】面板空白处双击，在【导入文件】对话框中选择要导入的素材，单击【导入】按钮即可完成素材导入，如图 4-2 所示，快捷键为 Ctrl+I。

执行【文件】-【导入】-【文件】命令，在弹出的【导入文件】对话框中选择要导入的素材，单击【导入】按钮。

执行【文件】-【导入】-【多个文件】命令，快捷键为 Ctrl+Alt+I，会弹出【导入多个文件】对话框，如图 4-3 所示，选择需要导入的素材，单击【导入】按钮，会分多次导入素材，直到所有素材导入完毕，单击【完成】按钮关闭对话框。

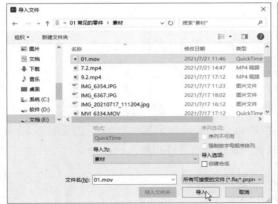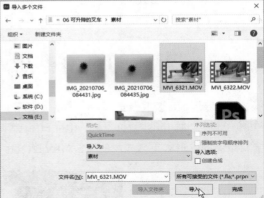

图 4-2　　　　　　　　　　　　　　　　　　图 4-3

在文件夹中选择需要导入的一个或多个素材，使用鼠标直接拖曳到【项目】面板中即可完成素材的导入。

4.3　导入 Photoshop 文件

After Effects 包括 Photoshop 渲染引擎，所以 After Effects 可导入 Photoshop 文件的所有属性，包括位置、混合模式、不透明度、可见性、透明度（Alpha 通道）、图层蒙版、图层组（导入为嵌套合成）、调整图层、图层样式、图层剪切路径、矢量蒙版、图像参考线以及裁切组等。

1. Photoshop 文件作为静止图像导入

将 Photoshop 文件导入到【项目】面板，在弹出的对话框中选择【素材】选项，并选中【合并的图层】单选按钮，如图 4-4 所示。

此时导入的 Photoshop 素材是一个单独的 PSD 文件的静止图像，如图 4-5 所示。

图 4-4　　　　　　　　　　　　　　　　　　图 4-5

2. 导入 Photoshop 文件中的特定图层

　　将 Photoshop 文件导入到【项目】面板，在弹出的对话框中选择【素材】选项，并选中【选择图层】单选按钮，右侧下拉菜单中对应的是 PSD 素材的每一个图层，根据需要选择一个，如图 4-6 所示。

　　此时导入的 Photoshop 素材是所选择的图层，如图 4-7 所示。

图 4-6

图 4-7

3. 将 Photoshop 文件以合成的方式导入

　　将 Photoshop 文件导入到【项目】面板，在弹出的对话框中选择【合成 - 保持图层大小】选项，并选中【可编辑的图层样式】单选按钮，如图 4-8 所示。

　　此时【项目】面板中自动创建了一个"换脸 个图层"文件夹，文件夹里包含了 PSD 文件中的所有图层，并且自动创建了"换脸"合成，合成内也含有 PSD 文件的所有图层，如图 4-9 所示。

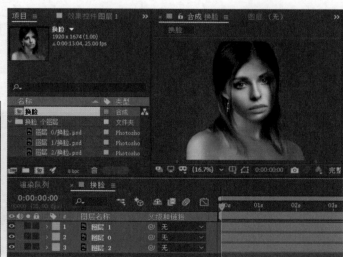

图 4-8

图 4-9

　　【导入种类】选择【合成 - 保持图层大小】选项与【合成】选项是有区别的。【合成】选项也会读取 PSD 文件的分层信息，在 After Effects 中新建一个合成并保持分层状态，但是每个图层会在【查看器】窗口边缘进行裁剪；选择【合成－保持图层大小】选项，当 PSD 图层的尺寸大于 After Effects 的合成尺寸时，会保持 PSD 每一图层的大小，不进行裁剪。

　　【图层选项】组下【可编辑的图层样式】选项表示 PSD 文件本身图层上的图层样式在 After Effects 中还可以编辑；【合并图层样式到素材】选项表示 PSD 文件图层的样式直接合并到图层上，在 After Effects 中不可以编辑。

> 提示
>
> 　　导入 Illustrator 文件的方法和导入 Photoshop 文件的方法类似，这里不再举例说明，请自行尝试。

4.4　导入序列文件

　　对于序列帧素材，先在【导入文件】对话框中选择其中一个素材，然后选中【序列选项】组下的【PNG 序列】复选框，如图 4-10 所示，那么导入的便是整个序列帧动画，如图 4-11 所示。

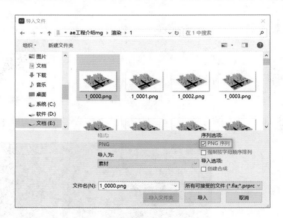

图 4-10

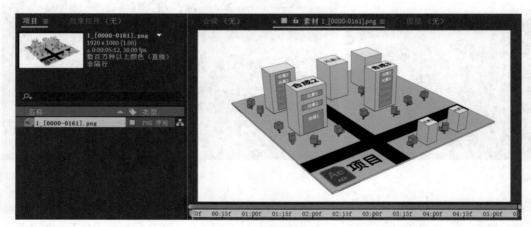

图 4-11

导入序列帧素材时，如果不选中【序列选项】组下的【PNG 序列】复选框，那么导入的将会是所选择的单帧图像。

4.5　针对素材的操作

1. 创建文件夹整理素材

在【项目】面板可以创建文件夹用来整理素材，而且可以在文件夹中继续创建子文件夹，这些创建的文件夹只存在于【项目】面板中，不会出现在硬盘中。可以使用不同的方法来创建文件夹。

（1）在【项目】面板空白处右击，在弹出的菜单中选择【新建文件夹】选项。

（2）执行【文件】-【新建】-【新建文件夹】命令。

（3）在【项目】面板下方的【创建文件夹】按钮■上单击创建文件夹。

（4）在【项目】面板中选中单个或多个素材，将其直接拖曳到【项目】面板下方【创建文件夹】按钮■上，就会创建一个包含所选素材的文件夹，如图 4-12 所示。

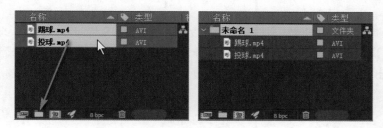

图 4-12

文件夹创建好以后，在【项目】面板选中素材直接拖曳到新建的文件夹上，即可将素材移动到文件夹内。双击文件夹或者单击文件夹左侧的小三角即可展开文件夹，选中需要移动的素材直接拖曳出来，即可将文件夹中的素材移出来。

2. 创建代理

导入的素材质量越高，最终成片的质量就越高，但是高质量素材往往会导致合成预览卡顿严重，这时执行【文件】-【创建代理】-【影片 / 静止图像】命令，或者在【项目】面板选择素材右击，在弹出的菜单中选择【创建代理】-【影片 / 静止图像】选项，会自动进入【渲染队列】面板，调整输出设置，输出体积小于原素材的文件（关于渲染导出的内容，会在第 15 章讲解），如图 4-13 所示。

图 4-13

完成渲染后，素材前面会出现代理图标■。在【素材】窗口查看变化，开启■时是代理视频，关闭■时是原视频，如图 4-14 所示。如果代理视频较小，则会有效解决预览卡顿的情况，并且开启代理不会影响最终视频输出质量。

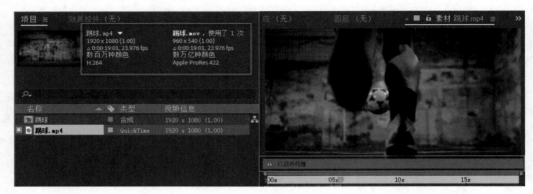

图 4-14

3．设置代理

如果已经有了小体积的代理文件，那么直接使用这个代理文件即可。执行【文件】-【设置代理】-【文件】命令，或者在【项目】面板选择素材右击，在弹出的菜单中选择【设置代理】-【文件】选项，弹出【设置代理文件】对话框，选择所需的代理文件后单击【导入】按钮，如图 4-15 所示。

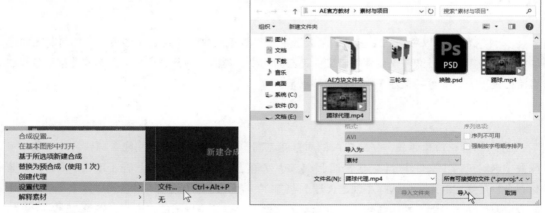

图 4-15

4．解释素材

在导入素材的时候，After Effects 会利用一套内部规则，根据它对素材的像素长宽比、帧速率、颜色配置文件和 Alpha 通道类型的最佳猜测来解释导入的每个素材，所以一般情况下不需要解释素材。但是如果 After Effects 的猜测是错误的，或者想以不同方式使用素材，则可以使用【解释素材】对话框修改特定素材项目的解释。

在【项目】面板中选择一个素材并执行以下操作之一,打开【解释素材】对话框,如图 4-16 所示。

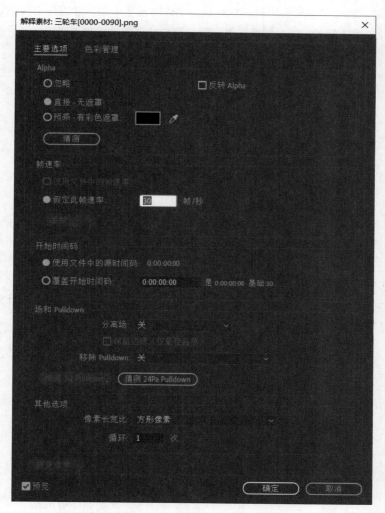

图 4-16

(1)单击【项目】面板底部的【解释素材】按钮█。

(2)将该素材直接拖曳到【解释素材】按钮█上。

(3)执行【文件】-【解释素材】-【主要】命令,快捷键为 Ctrl+Alt+G。

(4)右击鼠标,在弹出的菜单中选择【解释素材】-【主要】选项。

【解释素材】对话框中【主要选项】面板中的常用选项说明如下。

■ 　【Alpha】:具有 Alpha 通道的图像文件通过直接或预乘两种方式之一存储透明度信息。
　　虽然 Alpha 通道相同,但颜色通道不同。

使用【直接-无遮罩】通道,透明度信息只存储在 Alpha 通道中,而不存储在任何可见的颜色通道中。使用直接通道时,仅在支持直接通道的应用程序中显示图像时才能看到透明度结果。

使用【预乘 – 有彩色遮罩】通道，透明度信息既存储在 Alpha 通道中，也存储在可见的 RGB 通道中，后者乘以一个背景颜色。半透明区域（如羽化边缘）的颜色偏向于背景颜色，偏移度与其透明度成比例。

正确地设置 Alpha 通道解释可以避免在导入文件时发生问题，如图像边缘出现杂色，或者 Alpha 通道边缘的图像品质下降。如果通道实际是预乘通道而被解释成直接通道，则半透明区域将保留一些背景颜色。

如果不能确定 Alpha 通道的种类，就单击【猜测】按钮让 After Effects 自动识别。

- 【帧速率】：用于设置视频或者序列素材的帧速率。对于序列素材，导入 After Effects 后帧速率会变为在【首选项】中设置好的帧速率，可以选中【假定此帧速率】单选按钮更改回原帧速率。
- 【循环】：用于设置视频或动画素材循环播放的次数，如导入一个 GIF 动图素材，更改【循环】的数值后拖入【时间轴】面板就可以让动图循环播放固定次数。

5. 替换素材

【项目】面板中的素材可以进行替换，如果在原素材上设置了动画和效果，那么这些动画和效果都会继承到新素材上。

在【项目】面板选择需要被替换的素材，执行【文件】–【替换素材】–【文件】命令，或者右击鼠标，在弹出的菜单里选择【替换素材】–【文件】选项，会弹出【替换素材文件】对话框，选择替换的素材，单击【导入】按钮即可完成替换，如图 4-17 所示。

图 4-17

6. 重新加载素材

第 1 章讲述了在【首选项】的【导入】栏设置【自动重新加载素材】，所以对于导入 After Effects 中的素材，如果对原素材进行了修改，那么正常情况下 After Effects 会自动更新为修改后的素材。但是有的时候更新会不及时，此时就需要手动对素材进行重新加载，在【项目】面板中选择素材，执行【文件】–【重新加载素材】命令，或者右击并在弹出的菜单中选择【重新加载素材】选项，快捷键为 Ctrl+Alt+L，如图 4-18 所示。

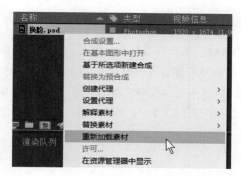

图 4-18

7. 在资源管理器中显示

如果想要快速确定导入的素材在硬盘中的位置，在【项目】面板中选择素材，执行【文件】-【在资源管理器中显示】命令，或者右击并在弹出的菜单中选择【在资源管理器中显示】选项，如图 4-19 所示，即可打开素材所在位置的文件夹。

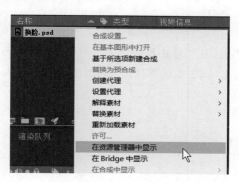

图 4-19

8. 整合所有素材

在实际工作中，经常会不可避免地导入一些重复素材，使项目变得臃肿。出现这种情况时可以进行素材整理，对重复导入的素材进行合并操作，只留下一份。

执行【文件】-【整理工程（文件）】-【整合所有素材】命令，会将【项目】面板中重复的素材合并，此操作不会对项目产生影响，如图 4-20 所示。

图 4-20

9. 删除未使用过的素材

一个项目导入非常多的素材在工作中是常态，但是并不能保证每个素材都会用到，对于没用到的素材，如果一个一个寻找并删除会非常耗精力，而且容易误删。After Effects 提供了自动删除未使用素材的功能，自动统计未在合成中使用的素材，并将其删除。

执行【文件】-【整理工程（文件）】-【删除未用过的素材】命令，即可将没有使用的素材删除干净且不会影响项目。

10. 减少项目

如果一个项目中只想要保留特定的合成，其余合成以及其所用到的素材全部都要删除，则可以使用【减少项目】命令。操作时需要先选中一个或多个想要保留的合成，然后执行【文件】-【整理工程（文件）】-【减少项目】命令，则除了所选合成以及合成中用到的素材，其他素材（包括素材、合成、文件夹等）全部被删除。

4.6 总结

Photoshop 和 After Effects 在工作中配合密切，对于 Photoshop 文件导入的不同方法要牢牢掌握。一个项目制作完成后，一定要记得整合素材为项目瘦身。

Ae

第5章

图层和标记

在 After Effects 中进行合成就是指多个图层合在一起形成最终的画面效果，素材添加效果、制作动画都是在图层中进行的，图层的相关操作是进行后期合成工作的基础技能，如特效电影的片头就是运用了大量的图层来完成的。

5.1 图层的创建

After Effects 中的图层都排列在【时间轴】面板中，将添加到项目中的任何一个素材拖曳到【时间轴】面板中，After Effects 都会自动生成图层。另外，还可以执行【文件】–【将素材添加到合成】命令生成图层，快捷键为 Ctrl+/。

除了导入的素材作为素材层，After Effects 还可以直接创建多种类型的图层。

操作方法：执行【图层】–【新建】命令，选择要创建的图层的类型；或者在【时间轴】面板空白处右击，在弹出的菜单里选择【新建】选项，选择要创建的图层的类型，如图 5-1 所示。

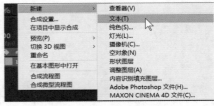

图 5-1

1. 文本

After Effect 文本层的功能非常强大，它可以制作丰富的文字效果和标题动画等，除了上述两种创建方法，还可以在工具栏中单击【横排文字工具】按钮 **T.**（或长按切换为【直排文字工具】按钮），在【查看器】窗口中单击输入文字；若想生成文本框，单击【横排文字工具】按钮后，直接在【查看器】窗口中拖出矩形框即可。

2. 纯色

纯色层是一个纯色的静态图层，默认尺寸与合成尺寸一致，新建纯色层时会弹出【纯色设置】对话框，可以对纯色层的大小、颜色等进行设置，如图 5-2 所示。

图 5-2

3．灯光

新建灯光层时会弹出【灯光设置】对话框，可以对灯光的类型、颜色、强度等进行设置，如图 5-3 所示。灯光层只对三维图层起作用。

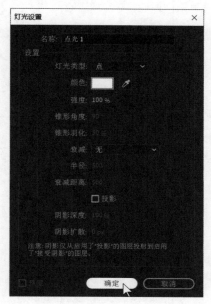

图 5-3

4．摄像机

新建摄像机层时会弹出【摄像机设置】对话框，可以调节摄像机的焦距、视角等，如图 5-4 所示。摄像机也是只对三维图层起作用。

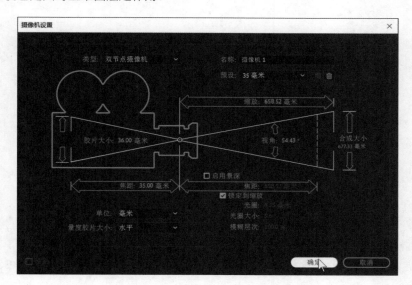

图 5-4

5. 空对象

空对象层在【查看器】窗口中表现出来就是一个小红框，其左上角的位置表示空对象在合成中的位置，如图 5-5 所示。这个小红框仅用来表示空对象，不会被渲染，可以根据需要调节红框的大小。应用父子关系时大多会用到空对象，其作为父级使用。

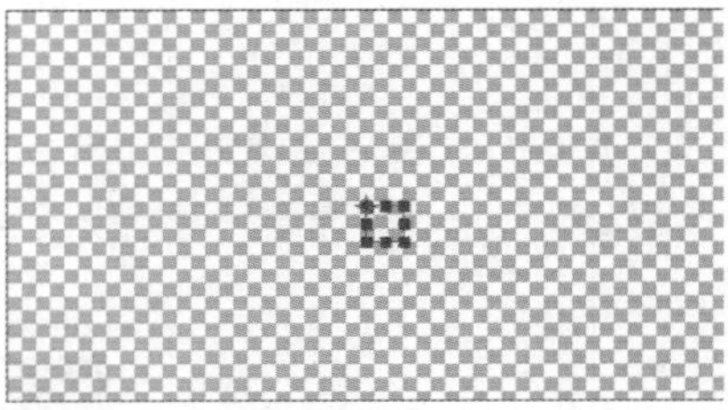

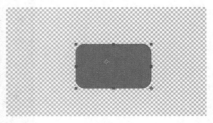

图 5-5

6. 形状图层

执行【图层】-【新建】-【形状图层】命令后，会激活工具栏的【形状图层】工具，直接在【查看器】窗口拖曳鼠标即可创建形状图层，如图 5-6 所示。

在实际工作中，最常用的创建形状图层的方法为直接在工具栏选择【形状图层】工具绘制形状。

图 5-6

7. 调整图层

调整图层不会显示在【查看器】窗口中，也不能显示在最终的渲染结果中，调整图层是对其下面的所有图层起到效果调节作用，而对其上面的图层没有影响。

纯色层、灯光层、摄像机层、空对象层、调整图层都可以通过按 Ctrl+Shift+Y 快捷键重新进行图层设置。

5.2 选择和排列图层

1. 图层的选择方法

使用 After Effects 进行创作本质上是对图层的操作，而要对图层操作首先就要选择图层，在【时间轴】面板中会使用高光指示被选择的图层，如图 5-7 所示。

图 5-7

（1）要选择单个图层，可以使用【选取工具】按钮，在【查看器】窗口中直接选择对象，从而选择相应的图层，或者在【时间轴】面板中单击图层名称或持续时间条选择图层。

（2）每个图层都有自己的编号，可以通过编号选择图层，在右侧数字键盘上键入图层编号即可直接选中对应的图层；如果图层编号具有多个数字，则快速连续键入数字，如 13 层，快速连按 1 和 3 就可以选中。

（3）在选中某个图层的基础上，如果想要选择它的上一层或下一层，按 Ctrl+ ↑ 或 ↓ 快捷
键即可。

（4）在选中某个图层的基础上，如果想要加选它的上一层或下一层，按 Ctrl+Shift+ ↑ 或 ↓
快捷键即可。

（5）在选中的图层上右击，在弹出的快捷菜单中选择【反向选择】选项，即可反向选择其
他图层。

（6）单击【选取工具】按钮，在【时间轴】面板直接拖出矩形框可以选择多个图层，如
图 5-8 所示。

图 5-8

（7）按住 Ctrl 键的同时单击图层，可以选择多个任意图层。

（8）按住 Shift 键的同时单击图层，可以选择多个连续相邻的图层。

（9）在【时间轴】面板或者【合成查看器】窗口激活的情况下，执行【编辑】-【全选】
命令可以选中所有图层，快捷键为 Ctrl+A；执行【编辑】-【全部取消选择】命令可以取消全选，
快捷键为 Ctrl+Shift+A。

2．更改图层的排列顺序

图层在【时间轴】面板中的垂直排列顺序与渲染顺序直接相关，也就是会直接影响渲染的
结果，可以通过更改图层顺序来更改图层相互合成的顺序。

在【时间轴】面板中选择图层，直接向上或向下拖曳，就可以改变图层的排列顺序；或者
执行【图层】-【排列】命令，就可以看到相应命令以及快捷键，如图 5-9 所示。

图 5-9

5.3　复制和拆分图层

1．复制图层的方法

（1）在【时间轴】面板中选择要复制的图层，执行【编辑】-【复制】命令（快捷键为

Ctrl+C），然后执行【编辑】-【粘贴】命令（快捷键为 Ctrl+V），就可以将这个图层复制一份，如图 5-10 所示。

图 5-10

选择多个图层进行复制粘贴时，先选择的图层在粘贴后位于上面，后选择的图层在粘贴后位于下面，所以在开始选择图层时一定要注意选择顺序，确保粘贴后有正确的图层排序。

（2）在【时间轴】面板中选择要复制的图层，执行【编辑】-【重复】命令创建图层副本，快捷键为 Ctrl+D，可以直接复制出新的图层。

如果要在同一个合成中复制图层，复制＋粘贴和创建图层副本都可以实现，不同的是在复制多个图层时，复制＋粘贴生成的新层在【时间轴】面板的最上层，而创建图层副本生成的新层都在源图层的下面。

如果要将图层复制到其他合成，则只能使用复制＋粘贴的方式。

2．拆分图层

在【时间轴】面板中，可以随时拆分图层，从而创建两个独立的图层，拆分图层是复制并修剪图层的省时的替代方法。

选中要进行切割的图层，将指针移动到需要切割的时间点，如图 5-11 所示；执行【编辑】-【拆分图层】命令，快捷键为 Ctrl+Shift+D，将图层拆分开，如图 5-12 所示。

图 5-11　　　　　　　　　　　　　　　图 5-12

在拆分图层时，生成的两个图层包含原始图层中原始位置处的所有关键帧。应用的轨道遮罩继承到上方的新图层。

5.4　混合模式和图层样式

1．混合模式概述

图层的混合模式控制每个图层如何与它下面的图层混合或交互。After Effects 中的图层混合模式与 Photoshop 中的图层混合模式基本相同。

无法通过使用关键帧来直接为混合模式制作动画。要在某一特定时间更改混合模式，需要在该时间拆分图层，并将新混合模式应用于图层的延续部分。

混合模式说明会使用以下术语。

- 源颜色是应用混合模式的图层的原始颜色。
- 基础颜色是【时间轴】面板中应用混合模式的图层下方图层的颜色。
- 结果颜色是混合操作最终输出的颜色。

2. 混合模式说明

在【时间轴】面板的【模式】选项下单击下拉箭头，可以看到 After Effects 的所有图层混合模式，如图 5-13 所示。下面对每一种混合模式进行说明。

图 5-13

打开提供的项目文件"混合模式 .aep"，进入合成 1，如图 5-14 所示。

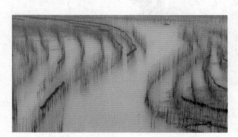

图 5-14

- 【正常】：结果颜色是源颜色，是默认模式。
- 【溶解】：每个像素的结果颜色是源颜色或基础颜色。结果颜色是源颜色的概率取决于使用混合模式图层的不透明度。如果不透明度是 100%，则结果颜色是源颜色；如果不透明度是 0%，则结果颜色是基础颜色。【溶解】和【动态抖动溶解】模式对 3D 图层不起作用。
- 【动态抖动溶解】：和【溶解】模式效果相同，区别是结果会随着时间而变化，也就是结果是动态的。
- 【变暗】：使用源颜色和基础颜色通道值中的较深者作为结果颜色，如图 5-15 所示。
- 【相乘】：对于每个颜色通道，将源颜色通道值与基础颜色通道值相乘，再除以 8-bpc、

16-bpc 或 32-bpc 像素的最大值，所得到的通道值便是最终的结果颜色，具体取决于项目的颜色深度。结果颜色绝不会比原始颜色明亮。任何颜色与黑色相乘结果都是黑色，任何颜色与白色相乘结果都保持不变，如图 5-16 所示。

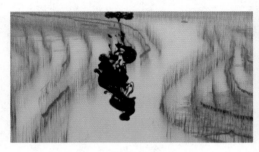
图 5-15

图 5-16

- 【颜色加深】：基于每个颜色通道的颜色信息，并通过增加二者之间的对比度使源颜色变暗，以反映出混合色，与白色混合不产生变化，如图 5-17 所示。
- 【经典颜色加深】：After Effects 5.0 和更低版本中的【颜色加深】模式已重命名为【经典颜色加深】。使用它可保证与早期项目的兼容性。
- 【线性加深】：结果颜色是源颜色变暗以反映基础颜色。与纯白色混合不会产生任何变化，如图 5-18 所示。

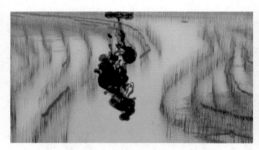
图 5-17

图 5-18

- 【较深的颜色】：每个像素结果颜色是源颜色值和相应的基础颜色值中的较深颜色。类似于【变暗】模式效果，但是不对各个颜色通道执行操作，不会产生第三种颜色，如图 5-19 所示。

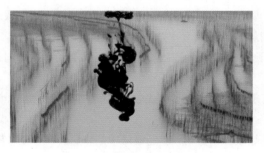
图 5-19

接下来使用合成 2 进行演示，有两个视频素材，如图 5-20 所示。

图 5-20

- 【相加】：每个像素结果颜色通道值是源颜色和基础颜色的相应颜色通道值的和。结果颜色绝不会比任一输入颜色深，如图 5-21 所示。
- 【变亮】：每个结果颜色通道值是源颜色通道值和相应的基础颜色通道值中的较高者，如图 5-22 所示。

图 5-21   图 5-22

- 【屏幕】：将源颜色通道值的补色与基础颜色进行【相乘】混合，结果总是较亮的颜色。
- 【颜色减淡】：结果颜色是源颜色变亮，以通过减小对比度来反映基础图层颜色。如果源颜色是纯黑色，则结果颜色是基础颜色，如图 5-23 所示。
- 【经典颜色减淡】：After Effects 5.0 和更低版本中的【颜色减淡】模式已重命名为【经典颜色减淡】。使用它可保证与早期项目的兼容性。
- 【线性减淡】：结果颜色是源颜色变亮，以通过增加亮度来反映基础颜色。如果源颜色是纯黑色，则结果颜色是基础颜色，如图 5-24 所示。

图 5-23   图 5-24

- 【较浅的颜色】：每个结果像素是源颜色值和相应的基础颜色值中的较亮颜色。类似于【变亮】模式效果，但是不对各个颜色通道执行操作，如图 5-25 所示。

图 5-25

接下来使用合成 3 进行演示，如图 5-26 所示。

图 5-26

- 【叠加】：将颜色通道值【相乘】混合或对其进行【屏幕】混合，具体取决于基础颜色是否比 50% 灰色浅。结果保留基础图层中的高光和阴影，如图 5-27 所示。
- 【柔光】：使基础图层的颜色通道值变暗或变亮，具体取决于源颜色。对于每个颜色通道值，如果源颜色比 50% 灰色浅，则结果颜色比基础颜色浅；如果源颜色比 50% 灰色深，则结果颜色比基础颜色深。具有纯黑色或白色的图层明显变暗或变亮，但是不会变成纯黑色或白色，如图 5-28 所示。
- 【强光】：将颜色通道值【相乘】混合或对其进行【屏幕】混合，具体取决于源颜色。对于每个颜色通道值，如果基础颜色比 50% 灰色浅，则图层变亮；如果基础颜色比 50% 灰色深，则图层变暗，如图 5-29 所示。

图 5-27　　　　　　　　图 5-28　　　　　　　　图 5-29

- 【线性光】：通过减小或增加亮度来加深或减淡颜色，具体取决于基础颜色。如果基础颜色比 50% 灰色浅，则图层变亮，因为亮度增加；如果基础颜色比 50% 灰色深，则图层变暗，因为亮度减小，如图 5-30 所示。

- 【亮光】：通过增加或减小对比度来加深或减淡颜色，具体取决于基础颜色。如果基础颜色比 50% 灰色浅，则图层变亮，因为对比度减小；如果基础颜色比 50% 灰色深，则图层变暗，因为对比度增加，如图 5-31 所示。

- 【点光】：根据基础颜色替换颜色。如果基础颜色比 50% 灰色浅，则替换比基础颜色深的像素，而不改变比基础颜色浅的像素；如果基础颜色比 50% 灰色深，则替换比基础颜色浅的像素，而不改变比基础颜色深的像素，如图 5-32 所示。

图 5-30　　　　　　　　　　图 5-31　　　　　　　　　　图 5-32

- 【纯色混合】：此模式会将所有像素更改为主要的加色（红色、绿色或蓝色）、白色或黑色，如图 5-33 所示。

- 【差值】：查看每个通道中的颜色信息，并从基础颜色中减去源颜色，或者从源颜色中减去基础颜色，具体取决于哪一个颜色的亮度值更大。与白色混合将反转基础颜色值，与黑色混合则不会产生变化，如图 5-34 所示。

图 5-33　　　　　　　　　　　　　图 5-34

- 【经典差值】：After Effects 5.0 和更低版本中的【差值】模式已重命名为【经典差值】。使用它可保证与早期项目的兼容性。

- 【排除】：创建与【差值】模式相似但对比度更低的结果。如果源颜色是白色，则结果颜色是基础颜色的补色；如果源颜色是黑色，则结果颜色是基础颜色，如图 5-35 所示。

图 5-35

- 【相减】：从基础颜色中减去源颜色。如果源颜色是黑色，则结果颜色是基础颜色，如图 5-36 所示。
- 【相除】：基础颜色除以源颜色。如果源颜色是白色，则结果颜色是基础颜色，如图 5-37 所示。

图 5-36

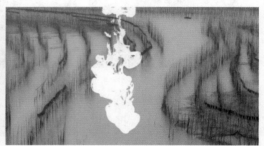

图 5-37

　　注意：为凸显【差值】【排除】【相减】模式的效果，使用合成 2 进行演示，【相除】模式的效果使用合成 1 来演示。

　　接下来使用合成 4 进行演示，如图 5-38 所示。

图 5-38

- 【色相】：结果颜色具有基础颜色的发光度和饱和度以及源颜色的色相，如图 5-39 所示。
- 【饱和度】：结果颜色具有基础颜色的发光度和色相以及源颜色的饱和度，如图 5-40 所示。

图 5-39

图 5-40

- 【颜色】：结果颜色具有基础颜色的发光度以及源颜色的色相和饱和度。此混合模式保持基础颜色中的灰色阶，主要用于为灰度图像上色和为彩色图像着色，如图 5-41 所示。

图 5-41

- 【发光度】：结果颜色具有基础颜色的色相和饱和度以及源颜色的发光度。此模式与【颜色】模式相反。

接下来使用合成 5 进行演示，如图 5-42 所示。

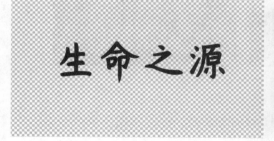

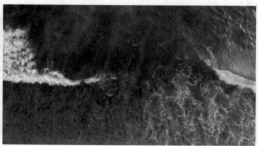

图 5-42

- 【模板 Alpha】：使用图层的 Alpha 通道创建模板，如图 5-43 所示。
- 【模板亮度】：使用图层的亮度值创建模板，白色最亮，结果完全不透明，黑色为全部透明，如图 5-44 所示。

图 5-43

图 5-44

- 【轮廓 Alpha】：使用图层的 Alpha 通道创建轮廓，如图 5-45 所示。
- 【轮廓亮度】：使用图层的亮度值创建轮廓。源颜色的浅色像素比深色像素更透明，纯白色会创建 0% 不透明度，纯黑色不会产生任何变化，如图 5-46 所示。

图 5-45

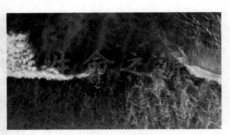
图 5-46

- 【Alpha 添加】：用于从两个相互反转的 Alpha 通道或从两个接触的动画图层的 Alpha 通道边缘删除可见边缘。例如，将文本层复制一层，如图 5-47 所示排列图层，通道边缘有明显的缝隙。

图 5-47

图层 1 混合模式改为【Alpha 添加】，通道边缘的缝隙就会消失，如图 5-48 所示。

图 5-48

- 【冷光预乘】：在合成之后，通过将超过 Alpha 通道值的颜色值添加到合成中来防止修剪这些颜色值。

3．图层样式概述

Photoshop 提供了各种图层样式（如阴影、发光和斜面）来更改图层的外观。在导入 Photoshop 图层时，After Effects 可以保留这些图层样式，当然，也可以在 After Effects 中为图层直接应用图层样式，并为其属性制作动画。

4．图层样式说明

打开提供的项目文件"图层样式 .aep"，如图 5-49 所示，选择文本层右击，在弹出的菜单里可以看到【图层样式】选项，如图 5-50 所示。下面对其中的主要选项进行说明。

图 5-49

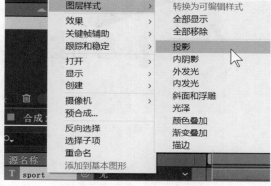

图 5-50

- 【投影】：添加落在图层后面的阴影，可以烘托图层内容的空间感，增强边缘的颜色对比，如图 5-51 所示。
- 【内阴影】：添加落在图层内容中的阴影，从而使图层具有凹陷外观，如图 5-52 所示。

图 5-51

图 5-52

- 【外发光】：制作从图层内容向外发光的效果，如图 5-53 所示。
- 【内发光】：制作从图层内容向里发光的效果，如图 5-54 所示。

图 5-53

图 5-54

- 【斜面和浮雕】：添加高光和阴影的各种组合，产生类似凸出或凹陷的浮雕样式，如图 5-55 所示。
- 【光泽】：创建光滑的内部阴影，如图 5-56 所示。

图 5-55

图 5-56

- 【颜色叠加】：使用颜色填充图层的内容，如使用红色填充，如图 5-57 所示。
- 【渐变叠加】：使用渐变填充图层的内容，如图 5-58 所示。

图 5-57

图 5-58

- 【描边】：描画图层内容的轮廓，如图 5-59 所示。

图 5-59

5.5　图层属性

每个图层均具有自己的属性，且都具有一个基本属性组——【变换】组，绝大多数属性都可以设置关键帧动画。

新建一个尺寸为 1920 px × 1080 px 的项目合成，导入提供的素材"南瓜 .png"，展开【变换】属性组，可以看到【锚点】【位置】【缩放】【旋转】【不透明度】5 个属性，如图 5-60 所示。

图 5-60

可以看到每个属性后面都有对应的属性值，属性值可以直接单击修改；也可以将鼠标箭头放到参数值上，待其变为 后左右拖动鼠标改变其属性值；还可以执行【图层】-【变换】命令，选择相应属性，输入数值进行调整。

1. 锚点

用来定位图层的变换中心，默认情况下，大多数图层的锚点位于合成的中心，两个属性值分别表示图层左顶点在 X 方向和 Y 方向偏离了锚点多少，如图 5-61 所示。

图 5-61

将属性值改为 0.0,0.0，可以看到图层左顶点与锚点重合，如图 5-62 所示，展开【锚点】属性的快捷键为 A。

图 5-62

在实际工作中，直接更改【锚点】的属性值去改变图层与锚点的距离并不是很常用，尤其对于新手来说不容易理解，常用的方法为使用【向后平移（锚点）工具】直接改变锚点的位置，保持图层的位置不变。

如果更改了锚点的位置，想要将锚点重置到它在图层中的默认位置，双击【向后平移（锚点）工具】即可。

按住 Alt 键的同时双击【向后平移（锚点）工具】，图层将移动到合成的中心。

按住 Ctrl 键的同时双击【向后平移（锚点）工具】，或者执行【图层】-【变换】-【在图层内容中居中放置锚点】命令（快捷键为 Ctrl+Alt+Home），锚点会移动到图层的中心。

2. 位置

用于确定图层在合成画面中的位置，两个属性值分别表示图层锚点距离合成左顶点的 X 方向和 Y 方向的距离，如图 5-63 所示。

图 5-63

如果将属性值改为 300.0,540.0，图层会向左移动，如图 5-64 所示，展开【位置】属性的快捷键为 P。

图 5-64

使用【选取工具】▶在【查看器】窗口选择对象后可以直接将对象移动到目标位置，【位置】属性值会相应改变。

提示

直接改变【锚点】和【位置】的属性值，图层位置都会改变，更改【锚点】属性值，仅是图层移动，锚点位置并不发生改变；更改【位置】属性值，图层和锚点会一起移动，但是【锚点】属性值不发生改变。

3．缩放

用于确定图层的大小，展开【缩放】属性的快捷键为 S，将属性值改为 50.0,50.0%，可以看到南瓜按比例缩小了一倍，如图 5-65 所示。

图 5-65

【缩放】属性值左边有一个【约束比例】按钮🔗，单击关闭后，可以对图层的 X 轴和 Y 轴分别进行缩放。例如，将属性值改为 50.0,100.0%，可以看到南瓜被横向压缩，如图 5-66 所示。

图 5-66

除了通过更改【缩放】的属性值来改变图层的大小，还有几种改变图层大小的方法。

（1）按住 Alt 键的同时，按小键盘上的 + 键图层扩大 1%，按 − 键图层缩小 1%。

（2）按住 Alt+Shift 键的同时，按小键盘上的 + 键图层扩大 10%，按 − 键图层缩小 10%。

（3）选择图层后，在【合成查看器】窗口中，对象的周围会出现一圈控制点，如图 5-67 所示，拖动这些控制点即可对图层进行缩放操作，按住 Shift 键的同时拖动控制点可以等比例缩放图层。

（4）选择图层，执行【图层】-【变换】-【适合复合】命令，或者右击并在弹出的菜单里选择【变换】-【适合复合】选项（快捷键为 Ctrl+Alt+F），会使图层快速缩放为合成大小，如图 5-68 所示。

图 5-67

图 5-68

（5）执行【图层】-【变换】-【适合复合宽度】命令，或者右击并在弹出的菜单里选择【变换】-【适合复合宽度】选项（快捷键为 Ctrl+Alt+Shift+H），会使图层宽度快速缩放为与合成相同，如图 5-69 所示。

（6）执行【图层】-【变换】-【适合复合高度】命令，或者右击并在弹出的菜单里选择【变换】-【适合复合高度】选项（快捷键为 Ctrl+Alt+Shift+G），会使图层高度快速缩放为与合成相同，如图 5-70 所示。

图 5-69

图 5-70

4．旋转

用于确定图层的旋转角度，展开【旋转】属性的快捷键为 R，例如，将属性值改为 0x+45.0°，南瓜就正向旋转 45°，如图 5-71 所示。

图 5-71

（1）使用工具栏里的【旋转工具】按钮 ，可以在【查看器】窗口中直接拖动图层进行旋转，【旋转】属性值会相应改变，在拖动的同时按住 Shift 键，会以 45°为增量进行旋转。

（2）小键盘上的 + 和 - 键也可以控制图层的旋转，按 + 键正向旋转 1°，按 - 键负向旋转 1°。

（3）按住 Shift 键的同时，按 + 键正向旋转 10°，按 - 键负向旋转 10°。

5．不透明度

用于确定图层的不透明度，例如，将属性值改为 30%，则图层就变为了半透明，如图 5-72 所示。展开【不透明度】属性的快捷键为 T。

图 5-72

选择属性右击，在弹出的菜单里选择【重置】选项，即可将属性的属性值恢复到初始状态，如图 5-73 所示。

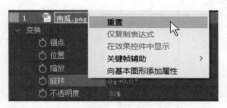

图 5-73

6．在【时间轴】面板显示或隐藏属性

要展开或折叠属性组，单击图层名称或属性组名称左侧的三角形。
要展开或折叠某属性组及其所有子组，按住 Ctrl 键并单击三角形。
要隐藏属性或属性组，请在按住 Alt+Shift 键的同时单击【时间轴】面板中相应名称。
要在【时间轴】面板中仅显示所选属性或属性组，快速按两次 S 键。
要仅显示特定属性或属性组，选择图层并按其快捷键即可；如果没有选择任何图层，按下某属性快捷键，所有图层都会显示该属性。

7．在【时间轴】面板复制属性或属性组

要将属性从一个图层或属性组复制到另一个图层或属性组，选择相应属性或属性组并按 Ctrl+C 快捷键，然后选择目标图层、属性或属性组并按 Ctrl+V 快捷键。

8．翻转图层

翻转图层是将其【缩放】属性值的水平或垂直属性乘以 -1。
（1）要翻转所选图层，执行【图层】-【变换】-【水平翻转】或者【垂直翻转】命令，如图 5-74 所示。

图 5-74

（2）选择要翻转的图层，展开【缩放】属性，关闭【约束比例】按钮，将水平或垂直属性乘以 −1 翻转图层，有三种情况，如图 5-75 所示。

−100.0,100.0 100.0,−100.0

−100.0,−100.0

图 5-75

图层的旋转、缩放和翻转都是围绕锚点进行的，如果改变图层锚点的位置，则所产生的效果也会发生改变，要根据实际制作需要调节锚点的位置以得到合适的变换效果。

5.6 管理图层

1. 查看和更改图层信息

要重命名图层，在【时间轴】面板选择图层，按回车键即可重新输入名称，或者鼠标右击，在弹出的菜单中选择【重命名】选项，如图 5-76 所示。

要快速找到图层素材在【项目】面板中的位置，选择图层，右击鼠标并执行【显示】-【在项目中显示图层源】命令，如图 5-77 所示。

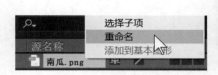

图 5-76

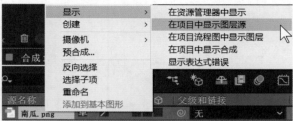

图 5-77

2. 【时间轴】面板中的图层开关

【时间轴】面板中的图层开关如图 5-78 所示，大部分开关都可以在顶部【图层】菜单中找到。下面对各个开关的功能进行介绍。

图 5-78

视频◉：启用或禁用图层，决定图层的显示和隐藏。

音频◉：启用或禁用图层声音。

独奏◉：在预览和渲染中包括当前图层，忽略没有设置此开关的图层。

锁定◉：锁定图层内容，从而禁止所有更改。

标签◉：可以改变标签的颜色，使图层更容易分类识别。

消隐◉：开启后图标将变为◉，需要与【时间轴】面板上方的◉开关配合使用，用于在【时间轴】面板隐藏图层。

折叠◉：如果图层是预合成，开启开关，合成里的效果会被计算；如果图层是矢量图形文件，开启开关，会使图像变得更清晰，相应的，预览和渲染所需的时间也会增加。

质量和采样◉：在图层渲染品质的【最佳】和【草稿】选项之间切换，包括渲染到屏幕以进行预览。

效果◉：选择以使用效果渲染图层，此开关不影响图层上各种效果的设置。

帧混合◉：可将帧混合设置为三种状态之一：【帧混合】◉、【像素运动】◉或【关闭】，如果没有开启【时间轴】面板顶部的【启用帧混合】◉开关，则图层的帧混合设置不起作用。

运动模糊◉：为图层启用或禁用运动模糊。如果没有开启【时间轴】面板顶部的【运动模糊】开关◉，则运动模糊不起作用。

调整图层◉：将图层设置为调整图层。

3D 图层◉：将图层设置为 3D 图层。如果图层是具有 3D 子图层的 3D 图层，例如，具有逐字符 3D 化属性的文本图层，则此开关图标变为◉。

保留基础透明度◉：将当前图层下面一层作为当前图层的透明蒙版。

轨道遮罩 TrkMat：通过一个遮罩层的 Alpha 通道或亮度值定义其他层的透明区域。

父级和链接 父级和链接：在不同图层间建立父子关系，使子层的层属性跟随父层变化。

5.7 案例——片头落版

本案例最终效果如图 5-79 所示。

图 5-79

操作步骤如下。

（1）新建项目，新建合成，宽度为 1920 px，高度为 1080 px，帧速率为 30 帧 / 秒，持续时间为 8 秒，按快捷键 Ctrl+Y 新建深品蓝色纯色层，如图 5-80 所示。

图 5-80

（2）导入提供的素材"牛皮纸 .jpg"，拖曳至【时间轴】面板，放于最上层，将图层 #1 "牛皮纸"的混合模式改为【叠加】，如图 5-81 所示。

图 5-81

（3）导入提供的素材"丝带 .png"，拖曳至【时间轴】面板，放于最上层，将其【位置】属性值改为 932.0,602.0，【缩放】属性值改为 117.0,117.0%，如图 5-82 所示。

图 5-82

（4）选择图层 #1 "丝带" 右击，在弹出的菜单中选择【图层样式】-【投影】选项，属性设置如图 5-83 所示。

图 5-83

（5）导入提供的素材 "圆环 .png"，拖曳至【时间轴】面板，放于最上层，将其【位置】属性值改为 968.0,394.0，【缩放】属性值改为 42.0,42.0%，如图 5-84 所示。

图 5-84

（6）选择图层 #1 "圆环" 右击，在弹出的菜单中选择【图层样式】-【投影】选项，属性设置如图 5-85 所示。

图 5-85

（7）在工具栏单击【椭圆工具】按钮，按住 Shift 键不放，在【查看器】窗口使用鼠标绘制一个正圆的形状图层，放于图层 #1 "圆环"的下方，如图 5-86 所示。

图 5-86

（8）选择图层 #2 "形状图层 1"，按快捷键 Ctrl+Shift+C 进行预合成，重命名为"猫鼬"，如图 5-87 所示。

图 5-87

（9）双击图层 #2 "猫鼬"，进入合成内部，导入提供的素材"猫鼬.mp4"，拖曳至【时间轴】面板，放于底层，将图层 #1 "形状图层 1"的模式改为【模板 Alpha】，图层 #2 "猫鼬"的【位置】属性值改为 960.0,486.0，如图 5-88 所示。

图 5-88

（10）回到总合成，新建文本层"Suricata suricatta"，如图 5-89 所示。

图 5-89

（11）选择文本层右击，在弹出的菜单中选择【图层样式】-【投影】选项，属性设置如图 5-90 所示。

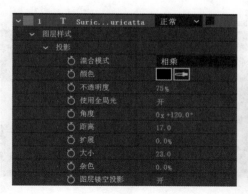

图 5-90

（12）继续选择文本层右击，选择【图层样式】-【斜面和浮雕】选项，属性设置如图 5-91所示。

图 5-91

（13）片头落版制作完成。

5.8　图层标记和合成标记

在使用 After Effects 进行工作时，经常需要纪录时间点，也就是所谓的标记。做标记可以使我们的操作思路更加清晰，也方便团队协作。标记分为图层标记和合成标记。

1．图层标记

图层标记在图层的时间线上显示为小三角形，可以在图层上添加任意数量的图层标记。选择图层，执行【图层】-【标记】-【添加标记】命令，快捷键为 * 键，如图 5-92 所示。

按住 Alt+* 可以在添加标记的同时打开【图层标记】对话框，添加注释；或者在添加完标记后双击已添加的标记，也可以打开【图层标记】对话框，设置完成后单击【确定】按钮即可添加注释，如图 5-93 所示。

图 5-92

图 5-93

（1）要移除图层标记，按住 Ctrl 键，将鼠标箭头移动到标记上，等箭头变为剪刀形状后单击即可。

（2）要从选定图层中移除所有图层标记，右击某个标记，在弹出的菜单中选择【删除所有标记】选项。

（3）要锁定图层上的所有图层标记，右击某个标记，在弹出的菜单中选择【锁定标记】选项。

（4）要设置图层标记持续时间，按住 Alt 键后单击标记图标并向右拖动，标记会拆分成两半以指示标记的入点和出点，如图 5-94 所示。

图 5-94

2．合成标记

合成标记在【时间轴】面板上的时间标尺中显示为小三角形，可以在合成中添加任意数量的合成标记。在时间标尺最右侧有一个合成标记素材箱■，如图 5-95 所示。新建合成标记只需使用鼠标将标记素材箱直接向左拖曳即可，结果如图 5-96 所示。

图 5-95

图 5-96

添加完合成标记后双击已添加的标记，打开【合成标记】对话框，设置完成后单击【确定】按钮即可添加注释，如图 5-97 所示。

（1）要移除合成标记，将该标记重新拖到合成标记素材箱上即可；或者按住 Ctrl 键，将鼠标箭头移动到标记上，等箭头变为剪刀形状后左键单击鼠标删除标记。

（2）要锁定合成中的所有合成标记，右击某个标记，在弹出的菜单中选择【锁定标记】选项。

（3）要设置合成标记持续时间，按住 Alt 键后单击标记图标并向右拖动，标记会拆分成两半以指示标记的入点和出点，如图 5-98 所示。

图 5-97

图 5-98

3.嵌套合成中的标记

对于嵌套合成，因为初始合成会变为另外一个合成的层，所以初始合成中的合成标记会自动变为嵌套合成中的图层标记，如图 5-99 所示。

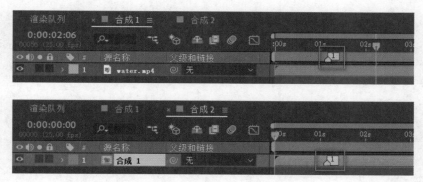

图 5-99

虽然"合成 2"中的图层标记是基于"合成 1"中的合成标记生成的，但是修改"合成 1"中的合成标记并不会影响"合成 2"中的图层标记，例如，移动或删除"合成 1"中的合成标记，"合成 2"中的图层标记不会跟着改变。

5.9 总结

图层是 After Effects 的基础和核心，所有操作都是基于图层来进行的，只有掌握好图层相关知识，才能学好后面的动画和效果。

Ae

第6章

时间轴面板

新建合成或打开合成后，会激活【时间轴】面板，时间轴的长度表示合成所持续的时间，以水平方向显示，从左到右表示时间的流逝，如图 6-1 所示。

图 6-1

6.1 时间轴面板详解

1. 时间标尺

【时间轴】面板右侧带有时间刻度的部分就是时间标尺，时间标尺的时间长度即合成的总时间，如图 6-2 所示。

图 6-2

在实际工作中，尤其在制作关键帧动画时，为了方便观察操作关键帧，会经常放大或缩小时间标尺，有不同的方法可以实现。

（1）按主键盘上的 = 和 – 键分别为放大和缩小时间标尺。

（2）按住 Alt 键的同时使用鼠标滚轮可以进行放大 / 缩小操作。时间标尺放大到一定程度后，显示的时间单位会从 s（秒）变为 f（帧），如图 6-3 所示。

（3）将鼠标移动到时间标尺顶部的两端，等光标变为█后左右拖动鼠标可以进行放大 / 缩小操作，如图 6-4 所示。

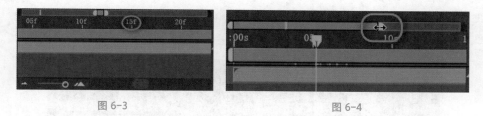

图 6-3   图 6-4

（4）单击时间标尺下方的【放大（时间）】按钮█和【缩小（时间）】按钮█，或者拖动中间的滑块，可以对时间标尺进行放大／缩小的操作，如图 6-5 所示。

时间标尺放大后，时间就不会完整显示，将鼠标指针移动到滚动条进行左右拖动可以平移时间轴，显示需要的时间段，如图 6-6 所示。

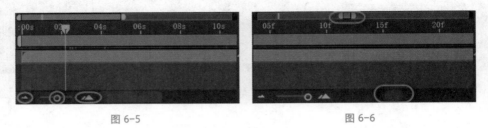

图 6-5   图 6-6

2. 时间码

时间码在【时间轴】面板左上角，表示当前的时间，如图 6-7 所示。

图 6-7

要更改时间码的时间值，单击时间码输入时间值，或者将鼠标指针移动到时间码处左右拖动即可，如图 6-8 所示。

图 6-8

输入时间值时，如果输入的值到了进位点会自动向前进位，例如，帧速率为 25 的合成，如果输入 0:00:00:25 会自动向秒进位变为 0:00:01:00，同理，"秒"最大可输入值为 59，大于等于 60 会自动向"分"进位，以此类推。

时间码默认显示单位为"秒"，按住 Ctrl 键并单击时间码，单位会在"秒"和"帧"之间进行切换，如图 6-9 所示。

图 6-9

3．当前时间指示器

当前时间指示器俗称"指针"，所在位置表示当前的时间，如图 6-10 所示。使用鼠标移动指针即可在【查看器】窗口预览合成画面。

图 6-10

（1）按 Home 键或 Ctrl+Alt+ ← 快捷键指针移动到时间标尺起点处，按 End 键或 Ctrl+Alt+ →快捷键指针移动到时间标尺结尾处。

（2）按 PageDown 键或 Ctrl+ →快捷键指针向右前进一帧，按 PageUp 键或 Ctrl+ ←快捷键指针向左后退一帧。

（3）按 Ctrl+Shift+ →快捷键指针向右前进十帧，按 Ctrl+Shift+ ←快捷键指针向左后退十帧。

6.2　确定入点和出点

在实际工作中，很多导入的素材仅需截取一段长度使用，那这段长度的开始位置就是素材的入点，结束位置就是素材的出点。渲染导出的时候，可能只需要对合成的某段区域进行导出，这段区域的开始位置为入点，结束位置为出点。

1．在【时间轴】修剪素材的入点和出点

在【时间轴】面板选择要修剪入点、出点的图层，按 Alt+[快捷键会删除指针左侧的部分，确定入点，按 Alt+] 快捷键会删除指针右侧的部分，确定出点，如图 6-11 所示。

图 6-11

单击【时间轴】面板左下方的■按钮展开入点、出点列，将鼠标移动到入点或者出点时间码处，光标会变为■，左右拖动鼠标即可修剪入点或出点，如图 6-12 所示。

图 6-12

将鼠标指针移动到图层在时间标尺的起点或终点处，当光标变成🔁时，拖动鼠标指针即可修剪入点或出点；按住 Shift 键的同时拖动鼠标指针，入点或出点可以自动吸附到指针位置，实现入点或出点的修剪，如图 6-13 所示。

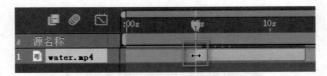

图 6-13

将鼠标指针移动到素材入点、出点之外的地方，光标会变成↔，左右拖动鼠标指针移动素材，入点、出点的位置不会发生改变，但是入点、出点间的画面内容会发生改变，如图 6-14 所示。

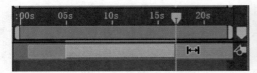

图 6-14

2. 在素材查看器修剪素材的入点和出点

在【项目】面板双击素材，会打开【素材】窗口，如图 6-15 所示。

在【素材】窗口将指针移动到需要的入点时间位置，单击播放窗口下方的【将入点设置为当前时间】按钮🞂确定入点，快捷键为 Alt+[；指针移动到需要的出点时间位置，单击【将出点设置为当前时间】按钮🞂确定出点，快捷键为 Alt+]，如图 6-16 所示。

图 6-15   图 6-16

和在【时间轴】面板确定入点、出点相似，在【素材】窗口也可以通过拖动鼠标指针来确定入点、出点，如图 6-17 所示。

将确定好入点和出点的素材从【项目】面板拖曳至【时间轴】面板中，入点会自动从 0 秒开始，如图 6-18 所示。

图 6-17

图 6-18

如果【时间轴】面板中没有其他图层，单击【素材查看器】窗口下方的【波纹插入编辑】按钮，或者【叠加编辑】按钮，都可以将确定好入点、出点的素材添加到【时间轴】面板且入点会从指针处开始，如图 6-19 所示。

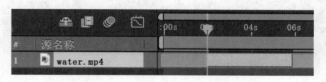

图 6-19

如果【时间轴】面板中有其他图层，单击【波纹插入编辑】按钮，素材会添加到【时间轴】面板最上层且入点自动从指针处开始，其他图层会在指针处被拆分，并且后段的入点会自动移动到图层 #1 的出点处；如果指针在 0 秒处，则其他图层的入点会自动移动到图层 #1 的出点处，如图 6-20 所示。

图 6-20

单击【叠加编辑】按钮，素材也是直接添加到【时间轴】面板最上层且入点自动从指针处开始，但是其他图层入点位置不会发生改变，如图 6-21 所示。

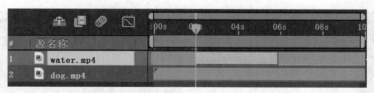

图 6-21

3. 修剪合成的入点和出点

如果渲染输出时只需输出合成的某段区域，则需要对合成设置入点和出点以确定这段区域。将指针移动到入点时间点处，按 B 键即可确认入点；将指针移动到出点时间点处，按 N 键即可确定出点，如图 6-22 所示。

图 6-22

和确定素材的入点、出点一样，合成的入点、出点也可以使用鼠标拖动来确定，如图 6-23 所示。

将鼠标指针移动到入点和出点之间，光标会变成↔，左右拖动鼠标即可对确定的区域进行整体移动，双击会将入点和出点还原到初始状态，如图 6-24 所示。

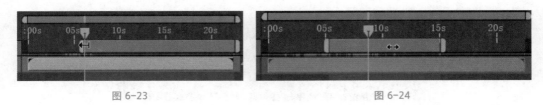

图 6-23   图 6-24

确定好合成的入点、出点后，执行【合成】-【将合成裁剪到工作区】命令，或者将鼠标指针移动到工作区，等光标变为↔后右击，在弹出的菜单里选择【将合成修剪至工作区域】选项，如图 6-25 所示，合成长度会变为由入点、出点确定的工作区域长度。

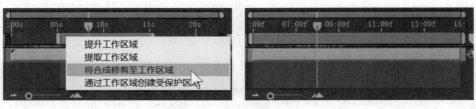

图 6-25

确定好合成的入点、出点后，执行【编辑】-【提升工作区域】命令，或者将鼠标指针移动到工作区，等光标变为↔后右击，在弹出的菜单里选择【提升工作区域】选项，工作区域内素材会被删除且图层被拆分成两层，工作区域内为空白，如图 6-26 所示。

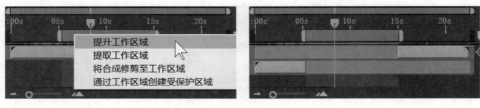

图 6-26

确定好合成的入点、出点后，执行【编辑】-【提取工作区域】命令，或者将鼠标指针移动到工作区，等光标变为 ↔ 后右击，在弹出的菜单里选择【提取工作区域】选项，工作区域内素材会被删除且图层被拆分成两层，图层 #2 的出点和图层 #1 的入点会自动连接，如图 6-27 所示。

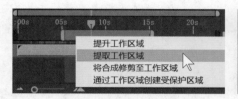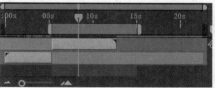

图 6-27

6.3　更改图层的播放速度

1. 图层的加速与减速

After Effects 可以对图层进行加速或减速，在【时间轴】面板选择图层右击，在弹出的菜单中选择【时间】-【时间伸缩】选项，或者选择图层执行【图层】-【时间】-【时间伸缩】命令，弹出【时间伸缩】对话框，如图 6-28 所示。

【拉伸因数】控制着图层的速度，100% 为正常速度，在数值为正数的前提下，数值越大速度越慢，数值越小速度越快。例如，速度加快 2 倍，即调整为 50%；放慢 2 倍，即调整为 200%。

单击 按钮展开伸缩窗格，【伸缩】属性值即为【拉伸因数】属性值，在【伸缩】属性值上左右拖动鼠标，可以直接更改【拉伸因数】属性值，如图 6-29 所示。另外，在【伸缩】属性值上单击，也可以弹出【时间伸缩】对话框进行操作。

　　　　图 6-28　　　　　　　　　　　　图 6-29

2. 图层的倒放

倒放会有一种时间倒流的效果，是一种使用频率非常高的特效手法。

（1）在【时间轴】面板选择要进行倒放的图层，执行【图层】-【时间】-【时间反向层】命令，或者在图层上右击鼠标，在弹出的菜单中选择【时间】-【时间反向层】选项，即可将图层倒放，快捷键为 Ctrl+Alt+R，图层倒放后会显示蓝色的斜线，如图 6-30 所示。

（2）执行【图层】-【时间】-【时间伸缩】命令，在弹出的【时间伸缩】对话框中将【拉伸因数】的值改为 -100%，也可以将图层倒放，默认倒放完成后图层会翻转到图层入点的左侧，若选中【当前帧】单选按钮，如图 6-31 所示，图层倒放后会围绕指针进行翻转。

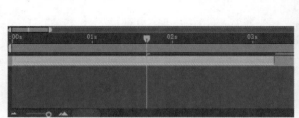

图 6-30　　　　　　　　　　　　　　　　　　图 6-31

图层倒放后也可以变速，将【拉伸因数】设置为大于 -100%，加快倒放速度；设置为小于 -100%，倒放速度就会变慢。

6.4　冻结画面

冻结画面就是将视频的某一个画面变为静止画面，选择要进行冻结画面的图层，将指针移动到需要冻结画面的时间处，执行【图层】-【时间】-【冻结帧】命令，或者在【时间轴】面板中右击图层，在弹出的菜单中选择【时间】-【冻结帧】选项，当前时间画面就会静止。此时图层就好比一个图片图层，可以任意调整图层的长度，如图 6-32 所示。

如果选择图层后执行【图层】-【时间】-【在最后一帧上冻结】命令，或者在【时间轴】面板选择图层并右击，在弹出的菜单中选择【时间】-【在最后一帧上冻结】选项，则画面会从最后一帧开始静止，直至合成结束，最后一帧之前正常播放，如图 6-33 所示。

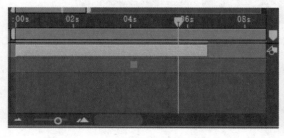

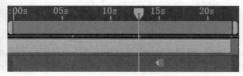

图 6-32　　　　　　　　　　　　　　　　　　图 6-33

6.5　案例——踢球变速

本案例制作人踢到球之前慢速，快速踢球，守门员接到球后冻结画面，然后快速倒放将球推回的效果，如图 6-34 所示。

图 6-34

操作步骤如下。

（1）新建项目，新建合成，命名为"踢球变速"，宽度为 1920 px，高度为 1080 px，帧速率与素材同步为 23.976 帧 / 秒，导入提供的素材"射门 .mp4"并拖曳到【时间轴】面板。

（2）选择图层 #1"射门"，将指针移动到 2 秒 10 帧处，按 Ctrl+Shift+D 快捷键将图层拆分开，如图 6-35 所示。

图 6-35

（3）选择图层 #2 并将其重命名为"慢放"，然后右击，在弹出的菜单中选择【时间】-【时间伸缩】选项，将【拉伸因数】改为 200%，如图 6-36 所示。

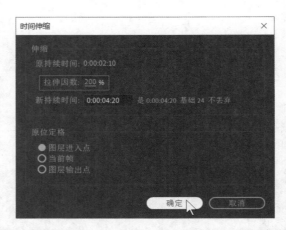

图 6-36

（4）将指针移动到图层 #2 "慢放"的出点处，选择图层 #1 并将其重命名为 "快放"，按 [键将其入点设置到当前帧，并将其【拉伸因数】改为 50%，如图 6-37 所示。

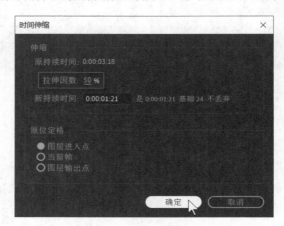

图 6-37

（5）指针移动到 5 秒 20 帧处，在守门员刚碰到球的时候，选择图层 #1 "快放"，按 Alt+] 快捷键剪辑层的出点至当前帧，裁去后面片段，如图 6-38 所示。

图 6-38

（6）选择图层 #1 "快放"，按 Ctrl+D 快捷键复制一层，将图层 #1 重命名为 "冻结"，选择图层 #1 "冻结" 执行【图层】–【时间】–【冻结帧】命令，将其入点修剪至 5 秒 20 帧，出点修剪至 6 秒 20 帧，如图 6-39 所示。

图 6-39

（7）选择图层 #2 "快放"，按 Ctrl+D 快捷键复制一层，将其移动到最上层并重命名为 "快速倒放"，选择图层 #1 "快速倒放"，把鼠标指针移动到入点处，当光标变成 时，修剪入点位置，向左拖曳至原始入点，如图 6-40 所示。

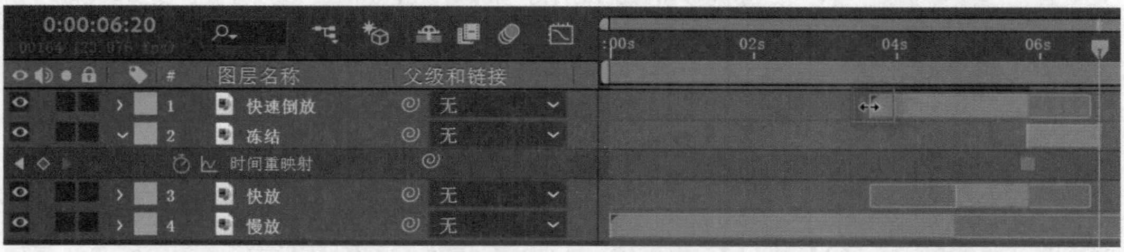

图 6-40

（8）选择图层 #1 "快速倒放"，将其【拉伸因数】改为 –20%，并将其入点移动到 6 秒 20 帧处，如图 6-41 所示。

图 6-41

（9）开启图层 #4 "慢放" 的【帧混合】效果，使慢放的时候视频更流畅，如图 6-42 所示。

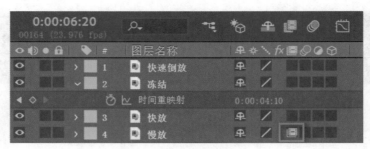

图 6-42

（10）踢球变速效果制作完成，按空格键播放预览查看效果。

6.6 案例——橄榄球

本案例通过不同镜头之间的组接及变速，制作投橄榄球和接橄榄球的画面，如图 6-43 所示。

图 6-43

操作步骤如下。

（1）新建项目，导入提供的素材"扔橄榄球 1.mp4""扔橄榄球 2.mp4""接橄榄球 1.mp4"
"接橄榄球 2.mp4"，并使用素材"扔橄榄球 1.mp4"创建合成，如图 6-44 所示。

（2）选择图层 #1"扔橄榄球 1"，使用快捷键 Alt+[将入点修剪至第 14 帧，使用快捷键
Alt+] 将出点修剪至 23 帧，如图 6-45 所示。

图 6-44   图 6-45

（3）在【项目】面板将素材"接橄榄球 1.mp4"拖曳至【时间轴】面板，放于底层，并使用快捷键 Alt+] 将出点修剪至 2 秒 2 帧，即将要扔橄榄球的时候，如图 6-46 所示。

图 6-46

（4）在【项目】面板双击素材"扔橄榄球 2.mp4"，进入素材查看器，将入点设置到 2 秒 13 帧处，即将要扔橄榄球的时候，如图 6-47 所示。

（5）将出点设置到 3 秒处刚扔出橄榄球的时候，如图 6-48 所示。

图 6-47   图 6-48

（6）将素材"扔橄榄球 2.mp4"拖曳至【时间轴】面板，放于底层，使入点与图层 #2"接橄榄球 1"的出点相接，并调节图层 #3 "扔橄榄球 2"的【拉伸因数】为 174%，使扔球的速度变慢，如图 6-49 所示。

（7）在【项目】面板双击素材"接橄榄球 2.mp4"，进入素材查看器，将入点设置到第 8帧刚扔出橄榄球的时候，如图 6-50 所示。

图 6-49 图 6-50

（8）将素材"接橄榄球 2.mp4"拖曳至【时间轴】面板，放于底层，使入点与图层 #3 "扔橄榄球 2"的出点相接，如图 6-51 所示。

图 6-51

（9）在【时间轴】面板将指针移动到接球人刚出现的时候，选择图层 #4 "接橄榄球 2"，使用快捷键 Ctrl+Shift+D 拆分图层，如图 6-52 所示。

图 6-52

（10）将图层 #5 "接橄榄球 2"重命名为"快速扔球"，指针移动到接球人刚落地的时间处，选择图层 #4 "接橄榄球 2"，使用快捷键 Ctrl+Shift+D 继续拆分图层，如图 6-53 所示。

图 6-53

（11）将图层 #4"接橄榄球 2"重命名为"快速出镜"，将图层 #5"接橄榄球 2"重命名为"慢速接球"，调节图层 #4"快速出镜"的【拉伸因数】为 65%；调节图层 #5"慢速接球"的【拉伸因数】为 174%；调节图层 #6"快速扔球"的【拉伸因数】为 65%，制作扔球加速、接球减速、落地后加速的效果，如图 6-54 所示。

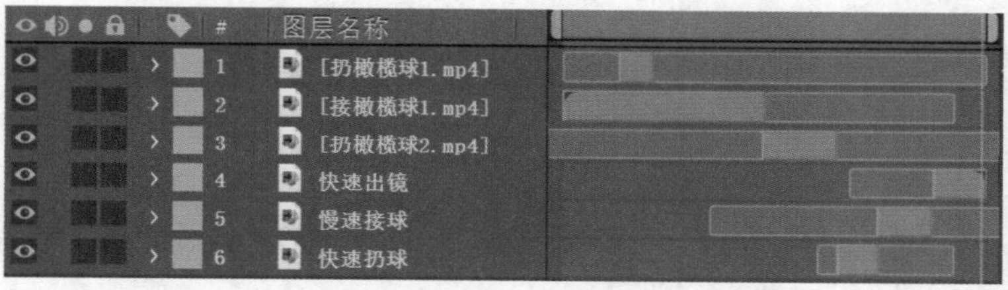

图 6-54

（12）将合成的入点设置到 14 帧处，如图 6-55 所示，最终效果制作完成，按空格键播放预览。

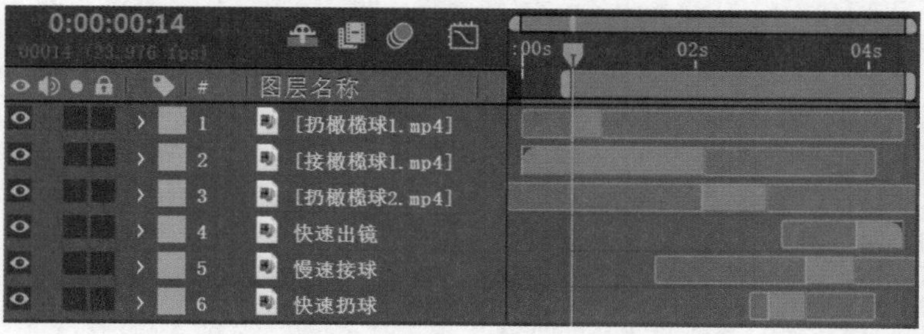

图 6-55

6.7　总结

实际工作中，素材的变速、倒放及冻结画面的使用频率较高，都是时间轴上最基本的操作，下一章将正式进入动画的学习。

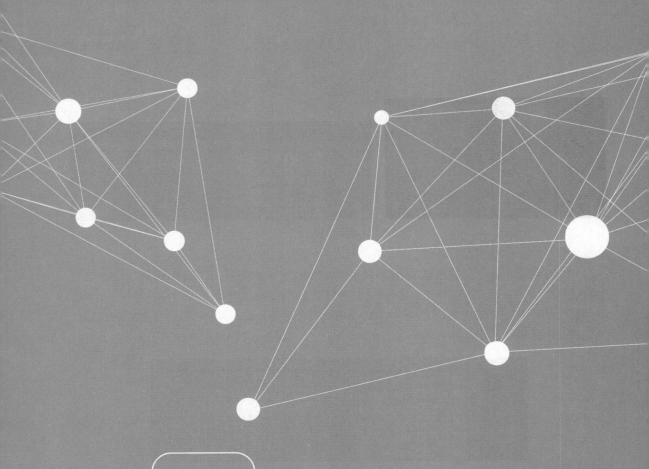

Ae

第 7 章
关键帧动画

使图层或图层上效果的一个或多个属性随时间变化，就是为图层或者效果添加了动画，而关键帧动画是 After Effects 中使用最多的动画调节方法，可以理解为不同时间，属性不同，软件自动计算中间的属性变化而形成动画，如图 7-1 所示。

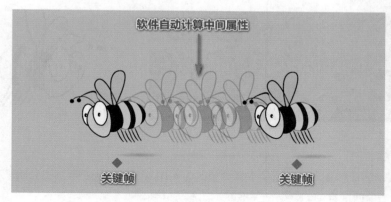

图 7-1

7.1　认识关键帧

前面的章节已经介绍过帧速率，帧就是最小单位的影像画面，而关键帧是角色或者物体运动中比较关键的那一帧，类似于动画制作中的"原画"，关键帧用于设置动作、效果、音频以及许多其他属性的参数，这些参数随时间变化，其在 After Effects 中表现为【时间轴】面板中的一个菱形标记◇。

大部分属性前都有一个【时间变化秒表】按钮，一般俗称"码表"，单击码表就可以添加关键帧。

7.2　制作关键帧动画

新建项目合成，尺寸为 1920 px × 1080 px，导入提供的素材"蜜蜂 .png"，将素材拖曳至【时间轴】面板，展开【变换】属性，如图 7-2 所示。

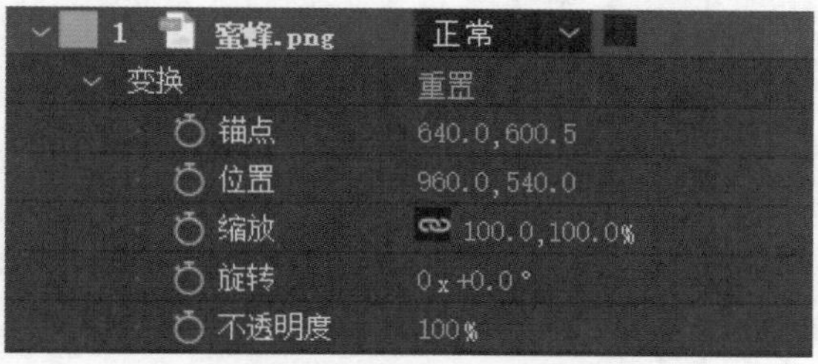

图 7-2

　　将指针移动到 0 秒处，单击【旋转】属性和【缩放】属性前的码表，创建关键帧，会激活【在当前时间添加或移除关键帧】按钮，【时间轴】面板上的指针位置会出现关键帧标记，如图 7-3 所示。

图 7-3

　　将指针移动到 2 秒处，将【缩放】属性值改为 40.0,40.0%，【旋转】属性值改为 1x+0.0°，可以看到会在当前时间自动创建两个关键帧，如图 7-4 所示。

图 7-4

　　将指针移动到 0 秒处，按空格键播放预览，可以看到"蜜蜂"在 0 ~ 2 秒做缩放并旋转的动画。

　　激活码表并添加第一个关键帧后，指针移动到新的位置，更改属性值即可自动添加新的关键帧；或者在指针移动到新位置后单击【在当前时间添加或移除关键帧】按钮添加关键帧，这种方法添加的关键帧属性值保持不变。

　　如果图层中有关键帧，选择图层后按 U 键，所有具有关键帧的属性都会展开；若有关键帧的属性为展开状态，则按 U 键可以隐藏属性。

　　具有关键帧的属性在展开状态下，按 J 键可以移动指针到前一可见关键帧，按 K 键会移动到后一可见关键帧，或者单击【在当前时间添加或移除关键帧】按钮的左右箭头进行跳转。

7.3　选择和删除关键帧

1. 选择关键帧

　　关键帧被选中后会变为蓝色，未被选中的关键帧为灰色。

　　（1）要选择一个关键帧，直接单击该关键帧图标即可，如图 7-5 所示。

图 7-5

（2）要选择多个关键帧，按住 Shift 键并单击各个关键帧，或拖动鼠标绘制选取框把各个关键帧框起来，如图 7-6 所示。如果已选择某个关键帧，按住 Shift 键并单击它可取消选择；按住 Shift 键并在选定的关键帧周围绘制选取框，可取消选择这些关键帧。

图 7-6

（3）要选择图层属性的所有关键帧，单击图层属性名称即可，如图 7-7 所示。

图 7-7

（4）要选择具有相同属性值的所有关键帧，右击关键帧，然后在弹出的菜单中选择【选择相同关键帧】选项。

（5）要选择某个选定关键帧之后或之前的所有关键帧，右击该关键帧，在弹出的菜单中选择【选择前面的关键帧】或【选择跟随关键帧】选项。

2．删除关键帧

（1）要删除任意数量的关键帧，选中关键帧，然后按 Delete 键即可。

（2）要删除某个图层属性所有的关键帧，直接单击属性的码表即可。通过单击码表删除关键帧后，该属性的属性值会变为当前时间的属性值，也就是说，指针在不同位置删除所有关键帧后，最终属性值不同。

（3）将指针移动到关键帧上，单击【在当前时间添加或移除关键帧】按钮███可以删除关键帧。

7.4　移动和复制关键帧

1．移动关键帧

（1）选择一个或多个关键帧，可拖动鼠标对关键帧进行移动，按住 Shift 键移动，关键帧会自动吸附到指针上。

（2）选择关键帧，按 Alt+ →快捷键，关键帧向右移动 1 帧；按 Alt+ ←快捷键，关键帧向左移动 1 帧。

（3）选择关键帧后，按 Alt+Shift+ →快捷键，关键帧向右移动 10 帧；按 Alt+Shift+ ←快捷键，关键帧向左移动 10 帧。

（4）至少选择三个关键帧，按住 Alt 键的同时将第一个或最后一个选定的关键帧拖到所需时间，选中的关键帧间距会变化，也就是动画的持续时间会改变。

2．复制关键帧

复制关键帧的时候，一次只能从一个图层进行复制，但是可以一次复制多个属性的关键帧，复制的关键帧可以粘贴到同一图层内，也可以粘贴到不同图层上，还可以粘贴到不同的合成内，粘贴后的关键帧保持选中状态，因此可以立即在目标图层中移动它们。

（1）粘贴到同一层。

选择需要复制的关键帧，执行【编辑】-【复制】命令，快捷键为 Ctrl+C，将指针移动到需要粘贴的时间处，执行【编辑】-【粘贴】命令，快捷键为 Ctrl+V，即可完成复制粘贴，所选择的关键帧中最左侧的关键帧粘贴到指针所在位置，如图 7-8 所示。

图 7-8

（2）粘贴到不同层。

导入提供的素材"南瓜 .png"，拖曳至【时间轴】面板，将指针移动到 0 秒处，选择"蜜蜂"的所有关键帧，按快捷键 Ctrl+C 复制，选择图层 #1"南瓜"后按快捷键 Ctrl+V 粘贴，如图 7-9 所示。

图 7-9

按空格键播放预览，可以发现"蜜蜂"和"南瓜"的动画完全相同。

（3）粘贴到不同合成。

选择要复制的关键帧，按快捷键 Ctrl+C 复制，选择另一合成中要粘贴到的图层，将指针移动到目标时间处，按快捷键 Ctrl+V 粘贴，关键帧就被粘贴到新合成的图层上的同一属性上，操作方法与不同层之间关键帧的复制类似。

7.5　关键帧插值

插值是在两个已知值之间填充未知数据的过程。对于相同的关键帧属性值，如果设置不同的关键帧插值，会产生不同的动画效果。

新建项目合成，尺寸为 1920 px × 1080 px，导入提供的素材"蜜蜂.png"，将素材拖曳至【时间轴】面板，调节【位置】和【缩放】的属性值，如图 7-10 所示。

图 7-10

将指针移动到 0 秒处，为【位置】属性创建关键帧，将指针移动到 1 秒处，使用【选取工具】在【合成】窗口将"蜜蜂"移动到中上部，自动创建关键帧，如图 7-11 所示。

图 7-11

将指针移动到 2 秒处，使用【选取工具】在【合成】窗口将"蜜蜂"移动到左下部，自动创建关键帧，如图 7-12 所示。

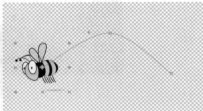

图 7-12

按空格键播放预览，"蜜蜂"做一个曲线位移动画。

选择所有关键帧并右击，在弹出的菜单栏里选择【关键帧插值】选项，会弹出【关键帧插值】对话框，可以看到关键帧插值有【临时插值】和【空间插值】两种方式，如图 7-13 所示。

图 7-13

【临时插值】为时间插值，其中一些属性只有时间组件，如【旋转】和【不透明度】等，这些属性的【空间插值】为不可用。【临时插值】默认为【线性】属性，若选择【定格】属性，关键帧会变为 ■，运动路径也会变成纯直线，中间的轨迹点会消失，如图 7-14 所示。

图 7-14

此时播放预览，"蜜蜂"会在 3 个关键帧之间直接闪现，没有了中间的运动过程。

【空间插值】为空间值的插值，有的属性不仅有时间组件，还具有空间组件，如【位置】属性。

（1）线性：关键帧之间的速度是匀速的，运动路径也为直线段，动画效果比较机械，如图 7-15 所示。

（2）贝塞尔曲线：提供最精确的动画路径控制，可以手动调整关键帧任一侧的手柄，还能够创建曲线和直线任意组合的路径，如图 7-16 所示。

图 7-15　　　　　　　　　　　　　　　图 7-16

（3）连续贝塞尔曲线：使动画路径更平滑，可以通过调整手柄来更改路径，但是两侧的手柄不能分别调整，如图 7-17 所示。

（4）自动贝塞尔曲线：是【空间插值】默认的方式，使动画路径平滑，但是没有手柄用于调整路径，如图 7-18 所示。

图 7-17　　　　　　　　　　　　　　　图 7-18

7.6　案例——风景展示

本案例制作风景图片从左向右顺次移动展示的动画，如图 7-19 所示。

图 7-19

操作步骤如下。

（1）打开提供的项目文件"风景展示 .aep"，导入提供的素材"云海 .jpg""山水 .jpg""雪景 .jpg""湖泊 .jpg""光效 .mov"。

（2）将素材"云海 .jpg"拖曳至【时间轴】面板，放于最上层，执行【图层】-【变换】-【适合复合宽度】命令，将素材填满整个合成，如图 7-20 所示。

图 7-20

（3）选择图层 #1"云海"，使用快捷键 Ctrl+Shift+C 进行预合成，将【缩放】的属性值改为 60.0,60.0%，如图 7-21 所示。

图 7-21

（4）选择图层 #1 右击，在弹出的菜单中选择【图层样式】-【投影】选项，属性值设置如图 7-22 所示。

（5）将指针移动到 0 秒处，选择图层 #1 将其向右移出合成之外，并为【位置】属性创建关键帧，如图 7-23 所示。

图 7-22

图 7-23

（6）指针移动到 10 帧处，将图层 #1 的【位置】属性值改为 1412.0,540.0，自动创建第二个关键帧；指针移动到 2 秒 10 帧处，【位置】属性值改为 890.0,540.0，自动创建第三个关键帧；指针移动到 2 秒 20 帧处，将图层 #1 向左移出合成之外，自动创建第四个关键帧，如图 7-24 所示。

图 7-24

（7）将素材"山水.jpg""雪景.jpg""湖泊.jpg"拖曳至【时间轴】面板，分别执行【图层】-
【变换】-【适合复合宽度】命令，然后分别进行预合成，将【缩放】属性值改为 60.0,60.0%，如
图 7-25 所示。

（8）展开图层 #1 的属性，选择【图层样式】属性，按快捷键 Ctrl+C 复制，然后分别粘贴
到图层 #2 ～图层 #4 上，如图 7-26 所示。

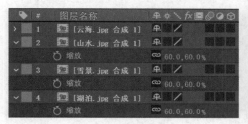

图 7-25

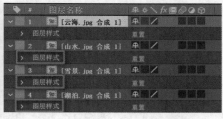

图 7-26

（9）选择图层 #1，按 U 键展开关键帧，将指针移动到第三个关键帧处，选择所有关键帧
后按快捷键 Ctrl+C 复制，选择图层 #2，按快捷键 Ctrl+V 粘贴。重复操作，为图层 #3 和图层 #4
也粘贴【位置】关键帧，如图 7-27 所示。

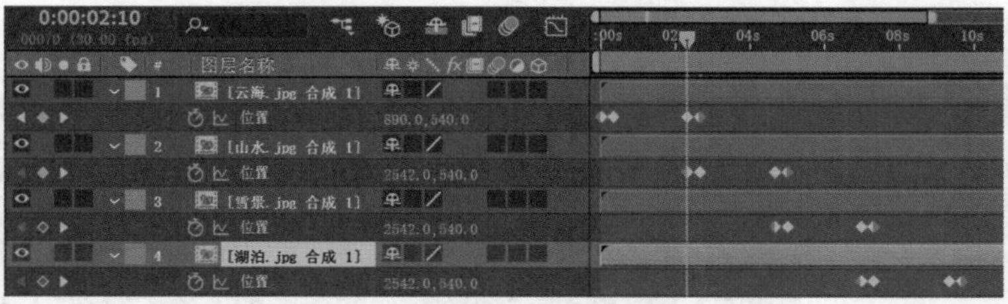

图 7-27

（10）开启图层 #1 ～图层 #4 的【运动模糊】开关，将素材"光效.mov"拖曳至【时间轴】
面板放于最上层，并将混合模式改为【屏幕】，如图 7-28 所示。

图 7-28

（11）风景展示效果制作完成，按空格键播放预览查看效果。

7.7 图表编辑器

在 After Effects 中创建的关键帧动画的默认速度为匀速，而想要精确地控制速度的变化而又不改变关键帧的属性值，就需要用到【图表编辑器】工具。

单击【时间轴】面板顶部的【图表编辑器】按钮，即可打开【图表编辑器】窗口，选择属性，【图表编辑器】窗口即可显示对应曲线，默认显示为【编辑值图表】窗口，如图 7-29 所示。

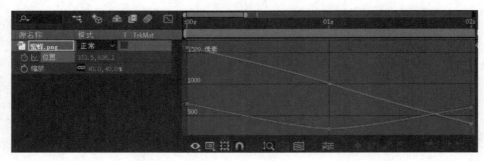

图 7-29

红线表示不同时间 X 方向的属性值，绿线表示不同时间 Y 方向的属性值，调节速度需要用到的是【编辑速度图表】，在【图表编辑器】窗口右击，在弹出的菜单中选择【编辑速度图表】选项，或者单击【图表编辑器】窗口底部的【选择图表类型和选项】按钮，在弹出的菜单中选择【编辑速度图表】选项，如图 7-30 所示。

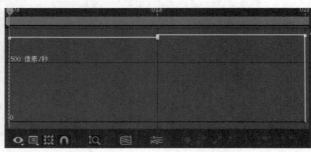

图 7-30

（1）使用工具栏的【手型工具】可以垂直或水平平移图表。

（2）直接滚动鼠标滚轮可以垂直平移图表。

（3）按住 Shift 键的同时滚动鼠标滚轮可以水平平移图表。

（4）使用工具栏的【缩放工具】或者直接单击滚轮可以放大图表。

（5）按住 Alt 键的同时单击【缩放工具】按钮或者滚轮可以缩小图表。

（6）按住 Alt 键的同时滚动滚轮可以水平缩放图表；按住 Ctrl 键的同时滚动滚轮可以垂直缩放图表。

（7）如果单击【图表编辑器】窗口底部的【自动缩放图表高度】按钮 ，图表将自动缩放高度以使其适合【图表编辑器】的高度，此时无法垂直平移或缩放图表。

（8）单击【使选择适于查看】按钮 ，【图表编辑器】将调整图表的值（垂直）和时间（水平）刻度，使其适合选定的关键帧。

（9）单击【使所有图表适于查看】按钮 ，【图表编辑器】将调整图表的值（垂直）和时间（水平）刻度，使其适合所有图表。

【编辑速度图表】窗口中速度曲线的斜率表示速度变化的大小，斜率越大则速度变化越快，水平线段表示匀速运动，所以如果想要使"蜜蜂"做先加速后减速的运动，可以将速度曲线调节为斜率先增大后减小，如图 7-31 所示。

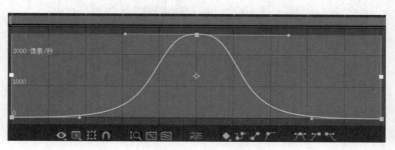

图 7-31

除了手动调节速度曲线，After Effects 还有三种速度预设，分别是【缓入】【缓出】【缓动】。

（1）【缓入】：物体以慢速开始并逐渐加速被称为缓入。选择关键帧后单击【图表编辑器】窗口底部的【编辑选定的关键帧】按钮 ，或者右击鼠标，在弹出的菜单里选择【关键帧辅助】-【缓入】选项，如图 7-32 所示。也可以直接单击【图表编辑器】窗口底部的【缓入】按钮 ，设置成【缓入】方式后关键帧会变为 ，缓入曲线如图 7-33 所示。

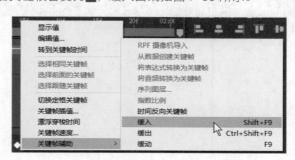

图 7-32

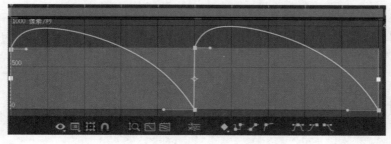

图 7-33

（2）【缓出】：物体以快速开始并慢慢降低速度被称为缓出。选择关键帧后单击【图表编辑器】窗口底部的【编辑选定的关键帧】按钮◆，或者右击鼠标，在弹出的菜单里选择【关键帧辅助】-【缓出】选项，也可以直接单击【图表编辑器】窗口底部的【缓出】按钮，设置成【缓出】方式后关键帧会变为◀，缓出曲线如图 7-34 所示。

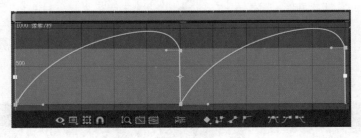

图 7-34

（3）【缓动】：使入/出点动画都平滑过渡被称为缓动。选择关键帧后单击【图表编辑器】窗口底部的【编辑选定的关键帧】按钮◆，或者右击鼠标，在弹出的菜单里选择【关键帧辅助】-【缓动】选项，也可以直接单击【图表编辑器】窗口底部的【缓动】按钮，设置成【缓动】方式后关键帧会变为，缓动曲线如图 7-35 所示。

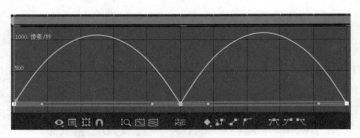

图 7-35

7.8 父子关系

在动画制作的过程中，使用嵌套合成可以使多层有同样的动画效果，使用父子关系也可以达到相同的效果，而且比嵌套合成有更高的编辑空间。

父子关系就是父级层控制子级层，子级层会跟随父级层属性的变化而变化，子级层属性的变化不会影响父级层；一个父级层可以有一个或多个子级层，但是一个子级层只能有一个父级层，父级层也可以作为其他图层的子级层。

新建项目合成，尺寸为 1920 px × 1080 px，导入提供的素材"蜜蜂 .png"和"南瓜 .png"，拖曳至【时间轴】面板，调整【缩放】和【位置】的属性值，如图 7-36 所示。

在【时间轴】面板中将"南瓜"的父级关联器图标直接拖曳到"蜜蜂"上，"南瓜"就成为"蜜蜂"的子级了，如图 7-37 所示。

图 7-36   图 7-37

展开图层 #1 "蜜蜂"的【变换】属性，改变其属性值，可以发现图层 #2 "南瓜"会一起变化，对图层 #1 "蜜蜂"的属性值做关键帧动画，图层 #2 "南瓜"也会有相同的动画。这里注意，只有父级层【不透明度】的属性是不会影响子级层的。

想要断开父子关系，单击图层所对应的【父级和链接】下拉箭头，选择【无】选项即可，如图 7-38 所示。

按住 Shift 键的同时建立父子关系，子层会完全继承父级的属性，如先将图层 #1 "蜜蜂"放大一些，旋转 90°，如图 7-39 所示。

按住 Shift 键后建立父子关系，图层 #2 "南瓜"也会跟着变大同时旋转 90°，位置也会移动到图层 #1 "蜜蜂"处，如图 7-40 所示。

图 7-38

图 7-39   图 7-40

7.9 案例——泵车动画

本案例要完成的效果如图 7-41 所示。

图 7-41

图 7-41（续）

操作步骤如下。

（1）新建项目，导入提供的素材"混凝土泵车 .psd"，【导入种类】选择【合成－保持图层大小】，如图 7-42 所示。

（2）在【项目】面板双击合成"混凝土泵车"打开合成，在【时间轴】面板新建"空对象"，并全选图层 #2 ～图层 #6，全部作为图层 #1"空 1"的子级；图层 #7"臂架 2"作为图层 #6"臂架 1"的子级；图层 #8"臂架 3"作为图层 #7"臂架 2"的子级，如图 7-43 所示。

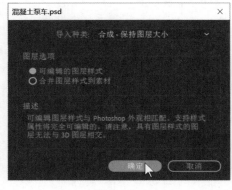

图 7-42

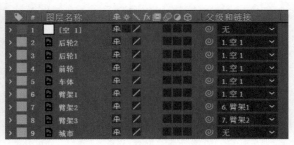

图 7-43

（3）选择图层 #1"空 1"，制作泵车入场的动画。将指针移动到 0 秒处，展开其【位置】属性，将属性值改为 -442.0,540.0，将泵车向左移出画面并创建关键帧，如图 7-44 所示。

图 7-44

（4）将指针移动到 2 秒处，将图层 #1"空 1"的【位置】属性改为"958.6,540.0"，使泵车移动到画面中央，自动创建第二个关键帧，如图 7-45 所示。

图 7-45

（5）选择图层 #6 "臂架 1"，使用【向后平移（锚点）工具】将其锚点移动到如图 7-46 所示位置。

（6）选择图层 #7 "臂架 2" 和图层 #8 "臂架 3"，将其锚点分别移动到如图 7-47 所示位置。

图 7-46　　　　　　　　　　　　　　　　图 7-47

（7）指针移动到 2 秒处，展开图层 #6 "臂架 1" 的【位置】和【旋转】属性并创建关键帧；指针移动到 2 秒 13 帧处，【位置】属性值改为 158.0,139.5，【旋转】属性值改为 0x+91.0°，制作 "臂架 1" 垂直立起的动画，全选关键帧，按 F9 键转换为缓动关键帧，如图 7-48 所示。

图 7-48

（8）将指针移动到 2 秒 7 帧处，展开图层 #7 "臂架 2" 的【旋转】属性并创建关键帧；指针移动到 2 秒 24 帧处，将【旋转】属性值改为 0x+56.0°，自动创建第二个关键帧，制作 "臂架 2" 展开的动画，全选关键帧，按 F9 键转换为缓动关键帧，如图 7-49 所示。

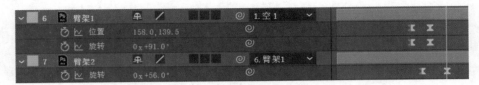

图 7-49

（9）将指针移动到 2 秒 18 帧处，展开图层 #8 "臂架 3" 的【旋转】属性并创建关键帧；将指针移动到 3 秒 7 帧，【旋转】属性值改为 0x+127.7°，自动创建第二个关键帧，制作 "臂架 3" 展开的动画，全选关键帧，按 F9 键转换为缓动关键帧，如图 7-50 所示。

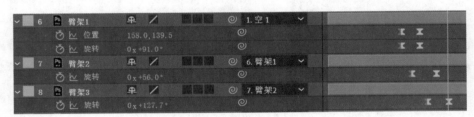

图 7-50

（10）将指针移动到 4 秒 4 帧，全选图层 #8 "臂架 3" 的关键帧并复制粘贴，选择后两个关键帧右击，在弹出的菜单中选择【关键帧辅助】-【时间反向关键帧】选项，制作 "臂架 3" 回收的动画，如图 7-51 所示。

图 7-51（续）

（11）同样操作，在 4 秒 11 帧和 4 秒 17 帧时，制作"臂架 2"和"臂架 1"的回收动画，如图 7-52 所示。

图 7-52

（12）将指针移动到 5 秒处，选择图层 #1"空 1"，保持其【位置】属性值不变并创建关键帧。将指针移动到 7 秒处，【位置】属性值改为 2293.0,540.0，使泵车向右移出画面，如图 7-53 所示。

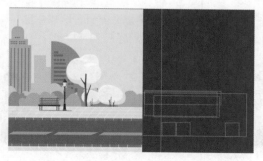

图 7-53

（13）制作车轮转动的动画，指针移动到 0 秒处，为图层 #2"后轮 2"、图层 #3"后轮 1"、

图层 #4 "前轮"的【旋转】属性创建关键帧；指针移动到 2 秒处，将三个图层的【旋转】属性值都改为 1x+0.0°，如图 7-54 所示；将指针移动到 5 秒处，保持三个图层的【旋转】属性值不变创建关键帧；指针移动到 7 秒处，将三个图层的【旋转】属性值都改为 2x+0.0°。

图 7-54

（14）开启图层 #2 ~ 图层 #8 的【运动模糊】开关，使动画看着更真实，如图 7-55 所示。

图 7-55

（15）泵车动画制作完成，按空格键播放预览最终效果。

7.10 使用人偶工具制作动画

After Effects 的人偶工具和 Photoshop 里的【操控变形】工具类似，使用人偶工具可以快速便捷地制作变形动画，人偶工具一共有 5 种控点，每种控点对应一种工具。

新建项目合成，尺寸为 1920 px × 1080 px，导入提供的素材"人物 .png"，如图 7-56 所示。

（1）【人偶位置控点工具】: 用于添加和移动位置控点，这些控点在用户界面中显示为黄色圆圈。

选择【人偶位置控点工具】，在【合成查看器】窗口直接单击即可添加位置控点，如图 7-57 所示。

图 7-56

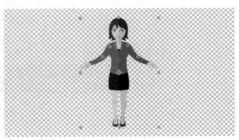

图 7-57

添加好位置控点后可以直接移动控点进行变形操作，如移动两个手的控点，可以抬起手臂，如图 7-58 所示。

（2）【人偶固化控点工具】：用于添加固化控点，这些控点在用户界面中显示为红色圆圈，受固化的部分不易产生扭曲变形。

如果继续向上移动手的位置控点，胳膊肘的位置就会扭曲变形，看着非常怪异，如图 7-59 所示。

图 7-58

图 7-59

将胳膊肘和肩部的位置控点换为固化控点，向上移动手的位置控点，就可以有效地改善扭曲变形，如图 7-60 所示。

（3）【人偶弯曲控点工具】：用于添加弯曲控点，这些控点在用户界面中显示为橙褐色圆圈，可以使图像的某个部位进行旋转、缩放，同时又不改变位置。

删除之前的所有控点，重新添加控点，手上不添加控点，胳膊肘添加弯曲控点，如图 7-61 所示。

图 7-60

图 7-61

选择弯曲控点，控点会出现圆形控制框，鼠标移动到控制框上，当鼠标变为 时，拖动鼠标即可旋转控点从而带动手臂旋转，如图 7-62 所示。

当鼠标移动到控制框上的小空心矩形上时，会变为双向箭头 ，此时拖动鼠标可以对控点进行缩放从而带动手臂缩放，如图 7-63 所示。

图 7-62

图 7-63

（4）【人偶高级控点工具】：用于添加高级控点，这些控点在用户界面中显示为绿色圆圈，可以完全控制图像的旋转、缩放、位置。

（5）【人偶重叠控点工具】：用于添加重叠控点，这些控点在用户界面中显示为蓝色圆圈，在图像部位发生重叠时指定哪一部分位于上方。

将手向身体方向移动，可以看到整个胳膊是位于身体后面的，如图 7-64 所示。

要想使胳膊位于身体之前，就要添加重叠控点，需要先删除所有控点，再为手添加重叠控点，如图 7-65 所示。

图 7-64 图 7-65

在【时间轴】面板展开人物的【重叠】属性，并增大【程度】的属性值，使整个胳膊被白色高亮填满，如图 7-66 所示，白色高亮的范围便是位于上方部分的范围。

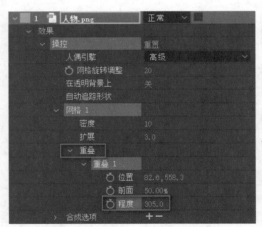

图 7-66

此时再添加位置控点和固化控点，移动手到身体位置，胳膊就位于身体前方了，如图 7-67 所示。

使用人偶工具制作动画只需在不同的时间调节控点，会自动生成关键帧并记录控点的属性，比如要制作人物挥手的动画，首先将指针移动到 0 秒处，为人物添加控点，如图 7-68 所示，身上和脚上的控点是为了防止身体和脚的移动，如果只给手添加控点，移动手上控点的时候身体和脚都会跟着移动。

图 7-67

图 7-68

此时在 0 秒处会自动生成关键帧，如图 7-69 所示。

图 7-69

将指针移动到 12 帧处，向上移动手上的位置控点，会自动生成关键帧，如图 7-70 所示。

图 7-70

将指针移动到 1 秒处，继续移动手上的位置控点，会自动生成第三个关键帧，如图 7-71 所示。

图 7-71

按空格键播放预览，可以发现人物有抬手、挥手的动画。同理，想要使人物多挥几次手，就要继续移动指针和位置控点，持续生成关键帧。

7.11 案例——小猫玩向日葵

本案例效果如图 7-72 所示。

图 7-72

操作步骤如下。

（1）新建项目，导入提供的素材"小猫玩向日葵 .psd"，【导入种类】选择【合成 - 保持图层大小】，如图 7-73 所示。

（2）在【项目】面板双击合成"小猫玩向日葵"，在【时间轴】面板打开合成，选择图层 #1"黄猫"，指针移动到 0 秒处，使用【人偶位置控点工具】在猫的爪子、头、身体、尾巴上共计添加 8 个控点，如图 7-74 所示。

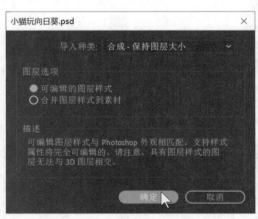

图 7-73

图 7-74

（3）将指针移动到 7 帧处，选择左爪的控点，向上移动一点，自动创建关键帧。指针移动到 14 帧处，将 0 秒的关键帧复制粘贴过来，使左爪回归原位。同样操作，每隔 7 帧创建一个关键帧，使左爪在这两个位置循环上下运动，如图 7-75 所示。

图 7-75

（4）指针移动到 20 帧处，选择尾尖的控点，向上移动一点，自动创建关键帧。指针移动到 40 帧处，将 0 秒的关键帧复制粘贴过来，使尾尖回归原位。同样操作，每隔 20 帧创建一个关键帧，使尾巴在这两个位置循环上下运动，如图 7-76 所示。

图 7-76

（5）指针移动到 0 秒处，选择图层 #3 "向日葵"，使用【人偶位置控点工具】添加 3 个控点，如图 7-77 所示。

图 7-77

（6）指针移动到 7 帧处，将向日葵上中间的控点向左移动一点，自动创建关键帧。指针移动到 14 帧处，将 0 秒的关键帧复制粘贴过来，使向日葵回归原位。同样操作，每隔 7 帧创建一个关键帧，使向日葵在这两个位置循环左右运动，如图 7-78 所示。

图 7-78

（7）选择图层 #2 "灰猫"，将指针移动到 0 秒处，使用【人偶位置控点工具】添加 6 个控点，如图 7-79 所示。

图 7-79

（8）指针移动到 1 秒处，选择尾尖的控点，向右下方移动一点，自动创建关键帧。指针移动到 2 秒处，将 0 秒的关键帧复制粘贴过来，使尾尖回归原位。同样操作，每隔 1 秒创建一个关键帧，使尾尖在这两个位置循环运动，如图 7-80 所示。

图 7-80

（9）指针移动到 1 秒处，选择尾中的控点向右下方移动一点，自动创建关键帧；指针移动到 2 秒处，复制 0 秒的关键帧到此处使控点回归原位；指针移动到 3 秒处，将控点向下移动一点；指针移动到 4 秒处，将控点回归原位，如图 7-81 所示。

图 7-81

（10）小猫玩向日葵动画制作完成，按空格键播放预览最终效果。

7.12　总结

关于制作动画，一定要多加练习，只要熟练掌握速度曲线与父子关系的用法，复杂的动画也一样能制作出来。

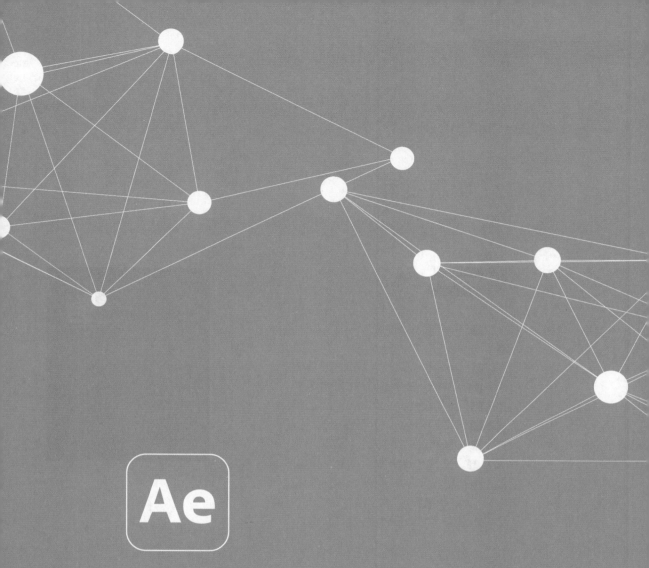

Ae

第8章
文本和图形

After Effects 可以制作丰富的文本动画，并且可以创建图形模板和 Premiere 进行互通。本章就来学习文本和图形相关的内容。

8.1 【字符】面板

在【字符】面板中可以设置字符格式，包括字体、大小、字间距等，与 Photoshop 的【字符】面板基本相同，如图 8-1 所示。【字符】面板中的主要选项说明如下。

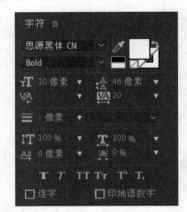

- 字体系列 ▨▨▨ CN ▾：用于选择字体。
- 字体样式 Bold ▾：用于设置字体样式，有的字体有多种不同的样式可供选择。
- 字体大小 ▨T：用于设置字体的大小。
- 行距 ▨：用于设置文本的行间距。
- 字偶间距 ▨：用于设置两个字符间的字偶间距。
- 字符间距 ▨：用于设置所选字符间的字符间距。
- 描边宽度 ▤：用于设置描边的宽度。
- 垂直缩放 ▨T：用于设置字符的垂直缩放。
- 水平缩放 ▨：用于设置字符的水平缩放。
- 基线偏移 ▨：设置基线偏移，控制文本与其基线之间的距离，提升或降低选定文本可创建上标或下标。
- 所选字符比例间距 ▨：设置所选字符的比例间距，将字符周围的空间缩减指定的百分比值，字符本身不会被拉伸或挤压。

图 8-1

8.2 创建和编辑文本图层

1. 输入点文本

输入点文本时，每行文本都是独立的；编辑文本时，行的长度会随之增加或减少，但它不会换到下一行。输入点文本常用方法如下。

（1）执行【图层】-【新建】-【文本】命令，或者在【时间轴】面板上右击，在弹出的快捷菜单里选择【新建】-【文本】选项，将创建一个新的文本层，且文本的插入点在【合成】查看器的中心。

（2）直接双击【文字工具】按钮 ▨ 创建文本层。

（3）单击【横排文字工具】按钮 ▨ 或者【直排文字工具】按钮 ▨，在【合成】查看器单击输入文本。

2. 输入段落文本

输入段落文本时，文本基于定界框的尺寸换行，可以输入多个段落并应用段落格式。

单击【横排文字工具】按钮 ▨ 或者【直排文字工具】按钮 ▨，在【查看器】窗口直接拖动可以从角点定义定界框，按住 Alt 键拖动鼠标会围绕中心点定义一个定界框，如图 8-2 所示。

图 8-2

　　段落文本输入完成后，还可以随时调整定界框的大小，这会导致文本在调整后的定界框内重排，在定界框处于激活的状态下，直接使用鼠标拖动定界框的控制点，便可以调整定界框的大小，如图 8-3 所示。

图 8-3

　　使用定界框可以将文本限制在定界框范围内，使文本编辑更规范，但是如果文本过多而超出定界框范围，超出的部分将不被显示，这时候就需要放大定界框。

　　按住 Shift 键的同时拖动定界框为按比例缩放定界框，按住 Ctrl 键的同时拖动定界框为从定界框中心缩放。

　　3．选择文本

　　若要对文本进行编辑，首先要选择文本，选择文本的方式有以下几种。

　　（1）使用【文字工具】，在文本上拖动可以选择文本范围。

　　（2）文本处于激活的状态下，在要选择文本范围的起点单击，然后指针移动到要选择文本范围的终点，按住 Shift 键单击鼠标，可以选择文本范围。

　　（3）使用【文字工具】，在文本上双击可以选择某一词组，三击鼠标可以选择一行，五击鼠标可以选择图层中的所有文本。

　　（4）使用【选取工具】双击文本可以选择图层中的所有文本。

　　（5）文本处于激活的状态下，按住 Shift 键的同时按←或→键，会逐字选择文本；按住 Shift+Ctrl 键的同时按←或→键，会逐个词组进行选择。

　　4．转换点文本或段落文本

　　After Effects 的点文本和段落文本之间可以互相转换，选择要转换的文本层，使用【文字工具】

在【查看器】窗口任意位置右击鼠标，在弹出的菜单里选择【转换为点文本】或【转换为段落文本】选项，如图 8-4 所示。

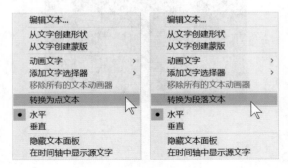

图 8-4

将段落文本转换为点文本时，所有位于定界框之外的字符都将被删除。为避免丢失文本，需要调整定界框的大小，使所有文字在转换前都可见。

如果文本图层处于文本编辑模式下，则无法对其进行转换。

5．更改文本的方向

输入文本时可以选择【横排文字工具】T 输入横排文字或者选择【直排文字工具】IT 输入直排文字，横排文字和直排文字之间也可以相互转换，使用【文字工具】在【查看器】窗口任意位置右击，在弹出的菜单中选择【水平】或者【垂直】选项，如图 8-5 所示。

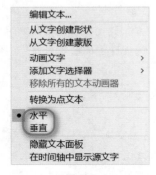

图 8-5

6．将来自 Photoshop 的文本转换为可编辑文本

Photoshop 文件导入到 After Effects 后，其包含的文本图层会保持其样式，并且在 After Effects 中仍然是可编辑的。

导入提供的素材"图片展示.psd"，导入类型为【合成 - 保持图层大小】，单击【可编辑的图层样式】单选按钮，导入后选择文本层，执行【图层】-【创建】-【转换为可编辑文字】命令，或者右击鼠标，在弹出的菜单中选择【创建】-【转换为可编辑文字】选项，即可对文本进行编辑，如图 8-6 所示。

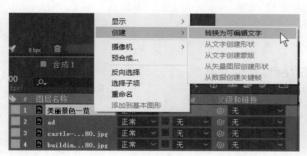

图 8-6

8.3　段落面板

　　【段落】面板的设置应用于整个段落的选项，如对齐方式、缩进和行距，如图 8-7 所示。对于点文本，每行都是一个单独的段落。对于段落文本，一段可能有多行，具体取决于定界框的尺寸。【段落】面板中的主要选项说明如下。

图 8-7

- 缩进左边距：从段落的左边缩进文字。对于直排文本，此选项控制从段落顶端开始的缩进。
- 段前添加空格：用于设置段落之前的间距。
- 首行缩进：缩进段落中的首行文字。要创建首行悬挂缩进，输入一个负值即可。
- 缩进右边距：从段落的右边缩进文字。对于直排文本，此选项控制从段落底部开始的缩进。
- 段后添加空格：用于设置段落之后的间距。

8.4　文本动画

1. 路径文本动画

在 After Effects 中，文本可以沿着创建的路径运动，路径可以是开放的，也可以是闭合的。新建项目合成，尺寸为 1920 px × 1080 px，新建文本层 "After Effects 路径文本"，如图 8-8 所示。

图 8-8

选择文本层，使用【圆角矩形工具】在【查看器】窗口绘制一个圆角矩形路径，文本层会多一个【蒙版】属性，如图 8-9 所示。

图 8-9

在【时间轴】面板展开文本层的【路径选项】属性，【路径】选择为【蒙版 1】，文本就会吸附到绘制的路径上，如图 8-10 所示。

图 8-10

此时【路径】属性下会多出 5 个属性，如图 8-11 所示。

图 8-11

（1）【反转路径】：默认为关闭，开启后文本会对齐到路径的外侧，如图 8-12 所示。

（2）【垂直于路径】：默认为开启，使文本始终保持垂直于路径。

（3）【强制对齐】：默认为关闭，开启后文本会强制分散对齐路径，如图 8-13 所示。

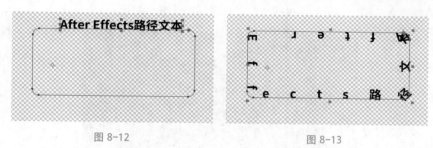

图 8-12　　　　　　　　　　　　　　　图 8-13

（4）【首字边距 / 末字边距】：修改属性值，文本即可沿着路径运动；为其属性创建关键帧，即可制作文本沿路径运动的动画。

只有当文本是居中对齐的时候，更改【首字边距】和【末字边距】的参数值才会有效果；文本左对齐且【强制对齐】关闭的时候，【末字边距】不起作用；文本右对齐且【强制对齐】关闭的时候，【首字边距】不起作用。

2．文本动画制作器

使用文本动画制作器可以更快捷地为文本制作复杂的动画，文本动画制作器是文本层所特有的功能，一个文本动画制作器包含一个或多个选择器。

新建项目合成，输入文本"文本动画制作器"，展开文本层的属性即可看到文本动画制作器图标 动画: ，单击即可弹出动画制作器的菜单，如图 8-14 所示。

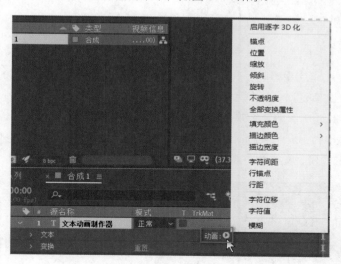

图 8-14

使用动画制作器和选择器为文本设置动画包括三个基本步骤。

（1）添加动画制作器以指定为哪些属性设置动画。

（2）使用动画制作器来指定每个字符受动画制作器影响的程度。

（3）为范围选择器属性值设置关键帧动画或表达式，得到最终效果。

例如，制作逐字透明消失的动画，按第一个步骤在动画制作器菜单中选择【不透明度】属性添加动画制作器，相应的范围选择器也会添加上，如图 8-15 所示。

图 8-15

最终结果为消失透明，所以每个字符受动画制作器影响的程度为 100%，也就是将【不透明度】的属性值改为 0%，如图 8-16 所示。

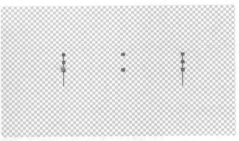

图 8-16

要制作的效果为逐字变透明后消失，此时范围选择器【结束】的属性值为 100%，说明这是最终效果，也就是文字是消失状态。将指针移动到 0 秒处，将【结束】的属性值改为 0%，创建关键帧，即不展示"消失"的最终效果，所以文字目前是完全显示状态；将指针移动到 2 秒处，【结束】的属性值改为 100%，自动创建关键帧，完全展示"消失"的效果，如图 8-17 所示。

按空格键播放预览，文字会有逐字透明后消失的动画，如图 8-18 所示。

图 8-17 图 8-18

　　动画制作工具可以添加多个属性叠加使用，选择【动画制作工具 1】，继续单击文本动画制作器图标 动画：⊙ 添加新的属性，新的属性与现有属性出现在同一动画制作工具内并且共享选择器，如继续添加一个【缩放】属性，如图 8-19 所示。

图 8-19

　　在【时间轴】面板选择动画制作器并按 Delete 键即可删除动画制作器。

　　每个动画制作器组都包括一个默认范围选择器，指定想影响文本范围的哪个部分以及影响程度。范围选择器下的【高级】选项可以对动画进行更细致的调节，如图 8-20 所示。

　　【单位】：可以选择【百分比】或者【索引】选项。

　　【依据】：依据什么对象制作动画，包括【字符】【不包含空格的字符】【词】【行】。如果选择【行】选项，动画效果就会基于行，不是逐字透明消失，而是整行透明消失，如图 8-21 所示。

图 8-20

图 8-21

　　【模式】：指定每个选择器如何与文本进行组合，有 6 种模式，如图 8-22 所示。例如，若只想使特定的文本制作动画，选择需要制作动画的文本，然后添加文本动画制作器，将【模式】选择为【相交】即可。

　　【数量】：指定字符范围受动画制作器属性影响的程度。值为 0% 时，动画制作器属性不影响字符；值为 50% 时，影响 50%。例如，将属性值改为 50%，文本还是逐字透明但不会消失，透明度到 50% 就会停止，如图 8-23 所示。

图 8-22

图 8-23

【形状】：文本受动画制作器影响范围的形状，有 6 种形状可供选择，如图 8-24 所示。

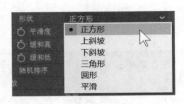

图 8-24

【平滑度】：【形状】选择为【正方形】时可用，动画从一个字符过渡到另一个字符所用的时间，如果将属性值改为 0%，文本会逐字消失，但是没有了慢慢透明的过程。

【缓和高 / 缓和低】：调节动画的变化速度。

【随机排序】：以随机顺序向范围选择器指定字符的应用属性，也就是动画会随机，不是按设置好的从左到右或从右到左的顺序。

除了默认的范围选择器，一个文本动画制作器中还可以继续添加选择器，单击文本动画制作器图标 添加: ⊙，在弹出的菜单里选择要添加的选择器即可，如图 8-25 所示。

（1）【摆动选择器】可以独立使用，也可以和【范围选择器】配合使用，用来制作最终效果两侧摆动的动画，其属性如图 8-26 所示。

图 8-25

图 8-26

【最大量 / 最小量】：指定选区的变化量。

【摇摆 / 秒】：设置选区中摇摆动画的速度。

【关联】：每个字符的变化之间的关联。设置为 100% 时，所有字符同时摆动相同的量；设置为 0% 时，所有字符独立地摆动。

【时间相位 / 空间相位】：摆动的变化形态，以动画在时间上或每个字符（空间）的相位为依据。

【锁定维度】：将摆动选择项的每个维度缩放相同的值。例如，当摆动【缩放】属性时，开启【锁定维度】后会等比例缩放。

（2）【表达式选择器】用来确定文本受文本动画制作器影响的程度并且使文本产生随机的变化。

文本图层都有一个【更多选项】属性，如图 8-27 所示。可以调节文本锚点相关的属性，从而改变文本动画的效果。

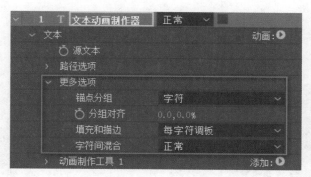

图 8-27

【锚点分组】：指定用于变换的锚点是属于每个字符、每个单词、每行还是整个文本。

【分组对齐】：控制字符的锚点相对于组锚点的对齐方式。

3．文本动画预设

After Effects 中内置了非常多的文本动画预设，在【效果和预设】面板中找到【Text】选项，展开即可看到多组文本动画预设，如图 8-28 所示。每组展开都有对应的动画预设，如展开【Animate In】选项，如图 8-29 所示。

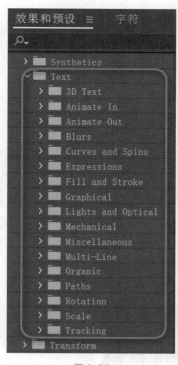

图 8-28

图 8-29

将需要应用的预设直接拖曳到文本层上，或者选中文本层后双击预设，都可以应用文本动画预设，例如，应用【下雨字符入】预设的方式如下。

新建项目合成，尺寸为 1920 px × 1080 px，新建文本层 "文本动画预设"，将指针移动到 0 秒处，选中文本层，在【效果和预设】面板双击【下雨字符入】预设，或者将【下雨字符入】预设直接拖曳到文本层上，即可添加预设，如图 8-30 所示。

图 8-30

按空格键播放预览，文本有下雨字符入的动画，如图 8-31 所示。

选择文本层，按 U 键即可展开动画预设的关键帧，可以修改关键帧对动画进行调整，如图 8-32 所示。

图 8-31

图 8-32

直接在【效果和预设】面板的搜索框中输入预设的名字可以快捷地找到要应用的预设，不用再耗时地一个个寻找，如图 8-33 所示。

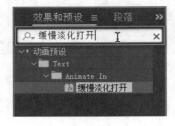

图 8-33

8.5　案例——弹性标题动画

本案例动画效果如图 8-34 所示。

图 8-34

操作步骤如下。

（1）新建项目，新建合成，宽度为 1920 px，高度为 1080 px，帧速率为 30 帧 / 秒，新建文本层"After Effects"，如图 8-35 所示。

图 8-35

（2）使用文本动画制作器添加【不透明度】和【旋转】属性，并选中【启用逐字 3D 化】选项，如图 8-36 所示。

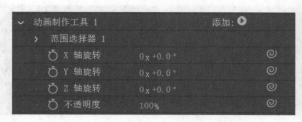

图 8-36

（3）制作文本逐渐翻转并显现的动画，将【Y 轴旋转】属性值改为 0x+180.0°，【Z 轴旋转】属性值改为 0x+90.0°，【不透明度】改为 0%，如图 8-37 所示。

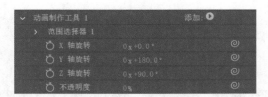

图 8-37

（4）指针移动到 0 秒处，为【范围选择器 1】的【起始】属性创建关键帧；指针移动到 2 秒处，将【结束】属性值改为 100%，自动创建第二个关键帧，文本逐渐翻转并显现的动画制作完成，如图 8-38 所示。

图 8-38

（5）继续单击文本动画制作器 添加【缩放】和【填充颜色】属性，使其位于【动画制作工具 2】选项组下，将【缩放】属性值改为 110.0,110.0,110.0%，【填充颜色】为红色，如图 8-39 所示。

图 8-39

（6）指针移动到 2 秒处，将【范围选择器 1】的【结束】属性值改为 0%，并为【起始】属性创建关键帧；指针移动到 3 秒处，将【起始】属性值改为 100%，制作文本逐渐变为红色并放大的动画，如图 8-40 所示。

图 8-40

（7）单击【动画制作工具 2】右侧的添加按钮，添加【摆动选择器】，制作文本颜色和大小来回摆动的动画，如图 8-41 所示。

图 8-41

（8）弹性标题动画制作完成，按空格键播放预览最终效果。

8.6　动态图形模板

在 After Effects 中可以使用【基本图形】面板创建动态图形模板，【基本图形】面板就像一个容器，可在其中添加、修改不同的属性并且指定哪些属性是可编辑的，然后将其打包为可共享的动态图形模板，使其可以在 Premiere Pro 中控制特定的可编辑的部分。

下面以一个文本片头为例讲解动态图形模板的创建方法。

1．创建模板

（1）新建项目合成，导入提供的素材"星云 .mp4"，使用素材创建合成，如图 8-42 所示。

（2）新建文本层"揭秘宇宙"和"第一集"，字体为思源黑体，大小分别为 130 和 80，如图 8-43 所示。

图 8-42　　　　　　　　　　　　　　　　　　图 8-43

（3）将指针移动到 0 秒处，为两个文本层应用【缓慢淡化打开】预设，文本就有了入场的动画效果，如图 8-44 所示。

（4）执行【窗口】-【基本图形】命令，打开【基本图形】面板，【名称】改为【栏目片头】，【主合成】选择【星云】选项，如图 8-45 所示。

图 8-44   图 8-45

2．向【基本图形】面板添加属性

这里可以将任何图层属性组中支持的属性添加到【基本图形】面板，用于后期在 Premiere Pro 中修改，如果添加不支持的属性，After Effects 会显示警告消息 "After Effects 错误：尚不支持将属性类型用于动态图形模板"。

由于每集的标题都不一样，所以需要让文本在 Premiere Pro 中可以编辑，以方便每集标题的替换。展开文本层"第一集"的属性，选择【源文本】属性，执行【动画】-【向基本图形添加属性】命令，或者将【源文本】属性直接拖曳到【基本图形】面板即可，如图 8-46 所示。

图 8-46

也可以将【变换】属性下的【位置】和【缩放】属性拖曳到【基本图形】面板，方便更改文本的位置和大小，如图 8-47 所示，这样标题的文本、大小和位置都是可以编辑的。

图 8-47

3．导出模板

单击【基本图形】面板中的【导出动态图形模板】按钮，会弹出【导出为动态图形模板】对话框，如图 8-48 所示。

 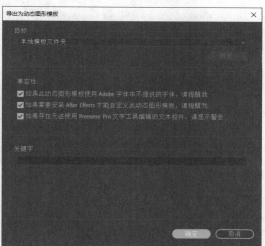

图 8-48

【目标】用于选择模板保存的位置，如图 8-49 所示。

图 8-49

- 【本地模板文件夹】：选择此项保存后，在 Premiere Pro 的【基本图形】面板中可以直接找到模板并使用。
- 【本地驱动器】：手动选择保存路径，以 .mogrt 文件保存到本地目录，保存到本地目录的模板不会自动在 Premiere Pro 的【基本图形】面板中显示，但是方便移动到其他设备上使用。

这里选择【本地驱动器】选项，选择好路径，单击确定即可生成动态模板，如图8-50所示。

图 8-50

4. 在 Premiere Pro 中使用模板

启动 Premiere Pro，新建项目序列，选择【图形】工作区，【基本图形】面板会显示在右侧，如图8-51所示。

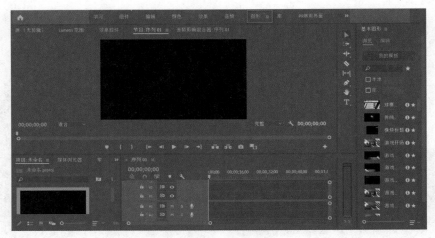

图 8-51

单击【基本图形】面板中的【安装动态图形模板】按钮，会弹出【打开】对话框，选择保存的模板，单击【打开】按钮即可，如图8-52所示。

图 8-52

动态模板导入到 Premiere Pro 后会显示在【基本图形】面板，将其直接拖曳到【时间轴】面板即可应用此动态模板，如图 8-53 所示。

按空格键播放预览，可以看到在 After Effects 中制作的动画可以完整地呈现，选择 V1 轨道的模板，【基本图形】面板会自动打开【编辑】属性，在此可以更改文本的内容、位置和缩放，如图 8-54 所示。

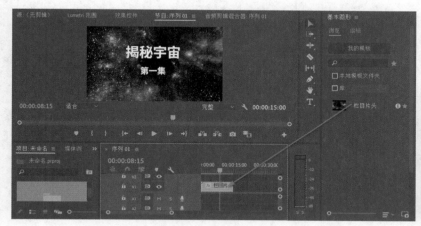

图 8-53

图 8-54

将文本内容"第一集"改为"第三集"，标题便会更改，而动画效果继续保留，如图 8-55 所示。

图 8-55

使用 After Effects 制作动态图形模板，可以在 Premiere Pro 中编辑 After Effects 合成的特定属性，同时又不会丢失原有的动画，对于工作效率的提升有极大的帮助。

8.7　总结

几乎所有的视频都会涉及文本动画，出彩的文本动画会给整个片子加分，可以发散思维，自己尝试制作一些文本动画。

Ae

第 9 章

形状和蒙版

默认情况下，形状包括路径、描边和填充；蒙版用于创建更复杂的合成效果。形状和蒙版都可以通过使用【形状工具】或【钢笔工具】在【查看器】窗口绘制得到。

三星公司制作的 MG 动画就应用了大量的形状。

9.1　创建形状

1. 使用钢笔工具和形状工具创建形状

在没有选择图层的情况下，可以使用【钢笔工具】或者【形状工具】直接在【查看器】窗口绘制形状图形。

（1）【钢笔工具】可以绘制任意形状的图形，在工具栏展开【钢笔工具】的工具组，有 5 种工具可供选择，如图 9-1 所示。

- 钢笔工具：用于绘制形状。
- 添加"顶点"工具：用于在绘制的形状路径上添加顶点。
- 删除"顶点"工具：用于在绘制的形状路径上删除顶点。
- 转换"顶点"工具：使顶点在角顶点和曲线顶点之间转换。
- 蒙版羽化工具：用于自定义蒙版羽化的形状和范围。

图 9-1

使用【钢笔工具】，在【查看器】窗口先单击确定第一个点（即顶点），再单击确定第二个点，就出现了一条线段，持续单击就可以继续绘制，直到绘制到最开始的第一个顶点，完成闭合，形成一个多边形，如图 9-2 所示。

单击工具栏中的【填充】和【描边】后的颜色按钮可以设置填充和描边的颜色，【描边】后面的数值用于调节描边的宽度，如图 9-3 所示。

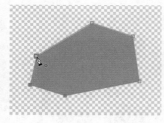 

图 9-2　　　　　　　　　　　　　　　　图 9-3

单击【填充】和【描边】按钮可以打开【填充选项】和【描边选项】对话框，用于设置是否开启填充与描边、渐变、不透明度等细节，如图 9-4 所示。

图 9-4

使用【转换"顶点"工具】在绘制好的形状图形的顶点上单击，或者使用【钢笔工具】在按住 Alt 键的同时在顶点上单击，角顶点会变为曲线顶点，可以通过手柄来精细地调节曲线的形状，如图 9-5 所示。同理，曲线顶点转换为角顶点也是同样的操作。

使用【钢笔工具】，当光标移动到图形的描边上时会变为，单击可添加顶点；当光标移动到顶点上时会变为黑箭头，可以移动顶点；按住 Ctrl 键的同时移动光标到顶点上时会变为，单击可删除顶点。

（2）使用【形状工具】绘制图形，选择相应的形状工具直接在【查看器】窗口拖曳鼠标即可绘制。例如，选择【椭圆工具】，不选择任何图层，在【查看器】窗口拖曳出图形，如图 9-6 所示。

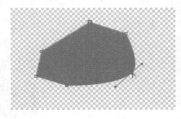

图 9-5   图 9-6

在使用【形状工具】绘制形状的时候，按住 Shift 键的同时进行绘制，可以绘制正方形、正圆、正多边形等形状；按住 Ctrl 键的同时进行绘制，则为从中心向外绘制图形；按住 Shift+Ctrl 键的同时进行绘制，可以从中心绘制正方形、正圆、正多边形等形状。

2. 使用矢量素材转换形状

矢量素材可以直接转为形状，导入提供的素材"花朵 .ai"，导入方式选择【素材】选项，拖曳到【时间轴】面板，如图 9-7 所示。

在【时间轴】面板选择图层，执行【图层】-【创建】-【从矢量图层创建形状】命令，或者右击鼠标，在弹出的菜单里选择【创建】-【从矢量图层创建形状】选项，如图 9-8 所示。

图 9-7   图 9-8

创建的形状图层会出现在素材图层上方且素材图层自动隐藏，如图 9-9 所示。

图 9-9

　　可以发现创建的形状图层并不能保留矢量图层的所有属性，如不透明度属性，创建的形状图层不透明度成为 100%，没有了半透的效果。

　　创建的形状图层并不是一个单层，而是自动分好了层，方便后期制作动画，如图 9-10 所示。

图 9-10

3．使用文本创建形状

　　新建文本层"创建形状"，如图 9-11 所示。

　　选择文本层，执行【图层】-【创建】-【从文字创建形状】命令，或者右击鼠标，在弹出的菜单中选择【创建】-【从文字创建形状】选项，如图 9-12 所示。

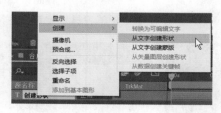

图 9-11　　　　　　　　　　　　　　　　　图 9-12

　　形状图层会出现在文本层上方且文本层隐藏，形状图层默认填充的颜色为文本的颜色，没有描边，如图 9-13 所示。

图 9-13

展开形状图层的【内容】属性，可以看到四个文字对应的四个形状图层，如图 9-14 所示。

图 9-14

每个文字的形状图层下都包含【描边】【填充】【变换】等属性，可以分别对每个文字的形状图层单独调整，如图 9-15 所示。

图 9-15

4．从 Illustrator 或 Photoshop 复制形状

可以从 Illustrator 或 Photoshop 复制路径并将其作为形状粘贴到 After Effects。在 Photoshop 中选择路径，按快捷键 Ctrl+C 复制，如图 9-16 所示。

在 After Effects 中使用【钢笔工具】绘制任意形状，如图 9-17 所示。

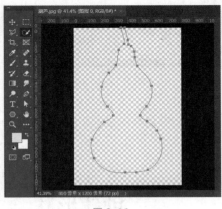
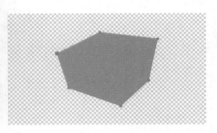

图 9-16

图 9-17

展开形状图层的【路径】属性，选择【路径】，按快捷键 Ctrl+V 粘贴，即可将路径粘贴进去，Photoshop 中的路径会替换 After Effects 中的形状，如图 9-18 所示。

图 9-18

要将 Illustrator 或 Photoshop 的路径复制粘贴为 After Effects 中的形状路径，必须在 After Effects 中创建一个形状图层，选择形状图层中现有形状的【路径】属性进行粘贴。此选择告诉 After Effects 粘贴操作的目标是什么，如果直接选择图层进行粘贴，将会创建蒙版而不是形状图层。

9.2　形状图层的属性

1. 内容属性

在【时间轴】面板展开形状图层的属性，可以看到除了常规的【变换】属性组，多出了一个【内容】属性组，如图 9-19 所示。

图 9-19

（1）【形状】：更改形状图形的混合模式，当一个形状图层中有两个及以上形状图形时起作用。

（2）【路径】：控制路径方向是否反转。

（3）【描边】：调节描边的颜色、不透明度、宽度等基本属性，还可以设置描边为虚线、调节描边锥度及波形等，如图 9-20 所示。

（4）【填充】：设置形状的填充颜色、不透明度等属性，如图 9-21 所示。

图 9-20　　　　　　　　　　　　　　　　图 9-21

这里着重说一下【填充规则】属性，有【非零环绕】和【奇偶】两个选项。

当路径很简单时，如矩形，确定路径内部的填充很容易。但是，当路径与自身相交时，或者当复合路径由被其他路径包围的路径组成时，确定内部填充并不容易。After Effects 使用两个规则之一来确定在路径内以什么形式创建填充，如图 9-22 所示。

（5）【变换：形状】：形状的位置、比例、倾斜、旋转等基本属性的调节，如图 9-23 所示。

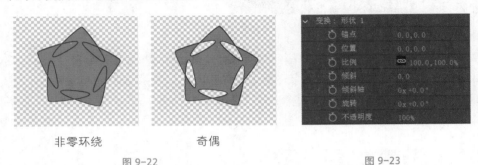

非零环绕	奇偶
图 9-22	图 9-23

2. 为形状图层添加属性

新建圆形形状图层，展开形状图层的属性，可以看到【内容】属性组右侧有一个【添加】按钮，如图 9-24 所示。

图 9-24

单击【添加】按钮会弹出可以添加的内容属性，共分为四类，如图 9-25 所示。

（1）组：在形状图层的【内容】属性下新建一个组，如图 9-26 所示，形状图层下所有的形状图形都可以移动到组内统一受组的属性控制，可以理解为形状图形的预合成。

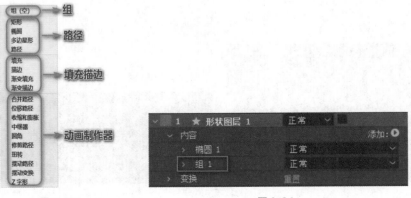

图 9-25	图 9-26

（2）路径：在形状图形上新建路径。如新建一个【多边星形路径】，如图 9-27 所示。

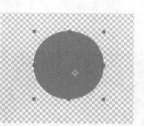

图 9-27

（3）填充描边：在形状图形上新建填充或描边。如新建一个蓝色描边，如图 9-28 所示。

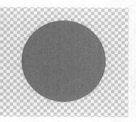

图 9-28

（4）动画制作器：在形状图形上新建实现不同动画效果的制作器。

- 【合并路径】：将多个路径合并成一个复合的路径，有【合并】【相加】【相减】【相交】【排除交集】五种模式，【合并路径】效果一定要放置在需要添加效果的路径的下边才能起作用，如图 9-29 所示。

图 9-29

- 【位移路径】：通过对原始路径进行偏移而扩大或缩小图形。
- 【收缩和膨胀】：图形路径向内收缩同时顶点向外移动，或者图形路径向外扩张同时顶点向内移动。例如，为五边形应用【收缩和膨胀】属性，如图 9-30 所示。

图 9-30

- 【中继器】：就是克隆，当需要多个重复的图形时应用此效果，可以将图形的变换应用到每个副本上，如图 9-31 所示。

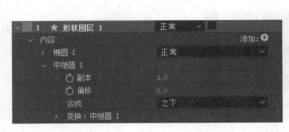 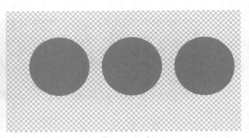

图 9-31

- 【圆角】：扩大形状图形的角度值，半径值越大，角的圆度越大。
- 【修剪路径】：常用来制作路径的生长动画，调节【开始】【结束】【偏移】的属性值，即可控制路径的生长和偏移。
- 【扭转】：用来扭曲形状，可以将形状图形扭曲成类似漩涡的样子，如图 9-32 所示。

 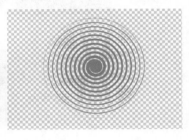

图 9-32

- 【摆动路径】：通过将路径转换为一系列大小不等的锯齿状尖角和凹谷，随机分布路径，播放即会自动产生动画，如图 9-33 所示。

图 9-33

- 【摆动变换】：对形状图形的锚点、位置、比例、旋转等做随机变换动画。添加此效果后播放是没有动画的，更改【摆动变换】效果下【变换】属性内相关属性的属性值即会产生动画效果。
- 【Z 字形】：为形状图形添加锯齿效果，如图 9-34 所示。

图 9-34

9.3 案例——标题动画

本案例的动画效果如图 9-35 所示。

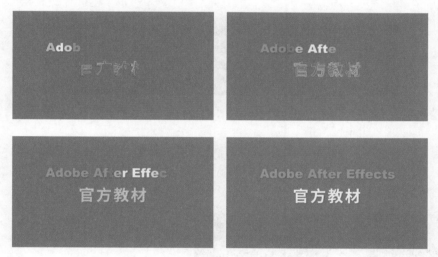

图 9-35

操作步骤如下。

（1）新建项目，新建合成，宽度为 1920 px，高度为 1080 px，帧速率为 30 帧 / 秒，合成命名为"标题动画"。

（2）按快捷键 Ctrl+Y 新建纯色层，颜色为 #6377FB，如图 9-36 所示。

图 9-36

（3）新建文本层"Adobe After Effects"，选择文本层右击，在弹出的菜单中选择【创建】-【从文字创建形状】选项，效果如图 9-37 所示。

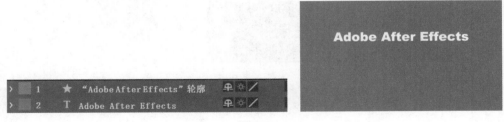

图 9-37

（4）展开形状图层的【内容】-【A】-【变换：A】属性，指针移动到 0 秒处，将【不透明度】属性值改为 0%，并创建关键帧。指针移动到 10 帧处，【不透明度】属性值改为 100%，自动创建第二个关键帧，制作 A 的淡入动画，如图 9-38 所示。

图 9-38

（5）全选创建的【不透明度】关键帧，按快捷键 Ctrl+C 复制，全选 d～s 共计 16 个形状图层，按快捷键 Ctrl+V 粘贴，所有字母都有了淡入动画，将每个字母的【不透明度】关键帧的位置错开，淡入动画就会有时间差，如图 9-39 所示。

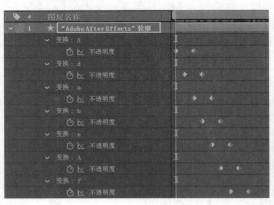

图 9-39

（6）指针移动到 15 帧处，为【A】-【填充 1】-【颜色】创建关键帧；指针移动到 22 帧，将【颜色】改为黄色，自动创建第二个关键帧；指针移动到 29 帧，【颜色】改为绿色，创建第三个关键帧；指针移动到 1 分 6 帧处，【颜色】改为青色，如图 9-40 所示，这样就制作了字母 A 的颜色变换效果。

图 9-40

（7）全选创建的 4 个【颜色】关键帧，按快捷键 Ctrl+C 复制，按快捷键 Ctrl+V 依次粘贴到 d ~ s 的【颜色】属性上，粘贴位置都为上一形状图层的第二个【颜色】关键帧处，如图 9-41 所示，制作每个字母依次颜色渐变的效果。

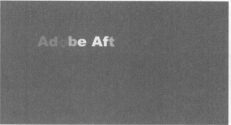

图 9-41

（8）新建白色文本层"官方教材"，选择文本层右击，在弹出的菜单中选择【创建】-【从文字创建形状】选项，将新生成的形状图层命名为"描边"，选择图层 #1"描边"，将工具栏中的【填充】选择为【无】，【描边】选择为黄色，如图 9-42 所示。

图 9-42

（9）选择图层 #1"描边"，展开【内容】属性，单击【添加】按钮 ▶ 为其添加【修剪路径】属性，如图 9-43 所示。

图 9-43

（10）将指针移动到 0 秒处，展开【修剪路径 1】属性，将【开始】和【结束】的属性值都改为 0.0%，并创建关键帧，如图 9-44 所示；指针移动到 2 秒处，将【开始】和【结束】的属性值都改为 100.0%，自动创建关键帧。

图 9-44

（11）全选【开始】和【结束】关键帧，按 F9 键将其设置为缓动关键帧，并将【结束】关键帧统一向后移动 1 秒，制作描边生长并消失的动画，如图 9-45 所示。

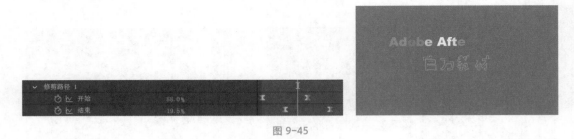

图 9-45

（12）选择图层 #1 "描边"，按快捷键 Ctrl+D 复制一层，展开【内容】属性，单击【添加】按钮  为其添加【位移路径】属性，并将【位移路径】移动到【修剪路径】的上方，【数量】属性值为 10.0，更改描边颜色为红色，这将会生成一个在原路径基础上扩大 10 倍的红色路径，如图 9-46 所示。

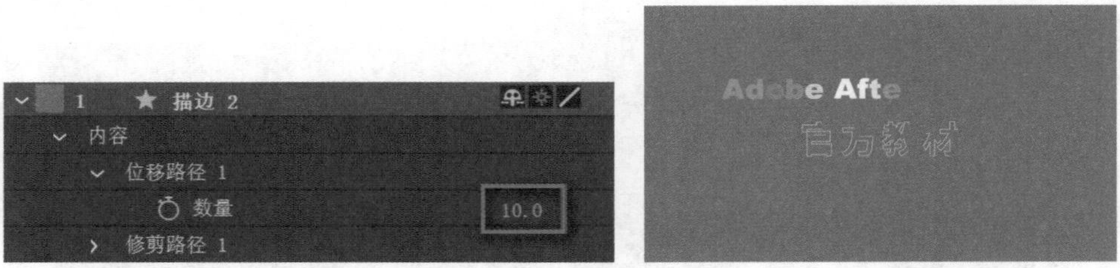

图 9-46

（13）重复上述步骤，将图层 #1 "描边"多复制几层，更改【位移路径】下【数量】属性为不同的值，并改变描边颜色，以生成多重不同颜色的描边，如图 9-47 所示。

图 9-47

（14）选择文本层"官方教材"，再次执行【创建】-【从文字创建形状】命令，将生成的形状图层命名为"汉字"，选择图层"汉字"，指针移动到 2 秒处，将其【不透明度】属性改为 0%并创建关键帧；指针移动到 3 秒处，将【不透明度】属性改为 47%，自动创建关键帧，制作随着描边消失文字淡入效果，如图 9-48 所示。

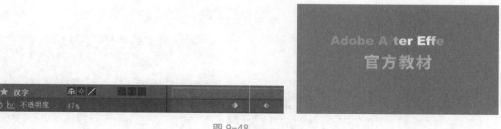

图 9-48

（15）选择图层"汉字"和"'Adobe After Effects'轮廓"右击，在弹出的菜单中选择【图层样式】-【投影】选项，标题动画效果制作完成，如图 9-49 所示，按空格键播放预览。

图 9-49

9.4　案例——路线演示动画

本案例演示动画如图 9-50 所示。

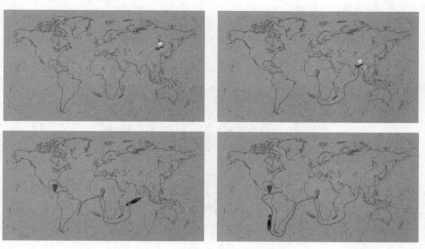

图 9-50

操作步骤如下。

（1）新建项目，新建合成并命名为"路线演示"，宽度为 1920 px，高度为 1080 px，帧速率为 30 帧/秒，持续时间为 10 秒；导入提供的素材"牛皮纸.jpg""地图.png""船.png""货车.png"。

（2）将素材"牛皮纸.jpg"和"地图.png"拖曳至【时间轴】面板，将图层#1"地图"的混合模式改为【变暗】，图层#2"牛皮纸"的【不透明度】改为 80%，如图 9-51 所示。

图 9-51

（3）使用【钢笔工具】绘制一个灰色的线段和红色的三角形，作为一个起点标志，图层命名为"起点"，如图 9-52 所示。

（4）指针移动到 0 秒处，将图层#1"起点"的【不透明度】属性值改为 0% 并创建关键帧；指针移动到 4 帧处，将【不透明度】属性值改为 100%，制作起点标志逐渐显现的动画，如图 9-53 所示。

图 9-52

图 9-53

（5）使用【钢笔工具】绘制一段白色曲线，图层命名为"陆运"，选择图层#2"陆运"右击，在弹出的菜单中选择【图层样式】-【投影】选项，如图 9-54 所示。

图 9-54

（6）选择图层 #2 "陆运"，展开【内容】–【形状 1】–【描边 1】属性，单击【虚线】属性右侧的 **+** 按钮，将线段变为虚线，如图 9-55 所示。

图 9-55

（7）为图层 #2 "陆运" 添加【修剪路径】属性。指针移动到 0 秒处，展开【修剪路径】属性，将【开始】属性值改为 0.0% 并创建关键帧；指针移动到 17 帧处，将【结束】属性值改为 100.0%，制作生长动画，如图 9-56 所示。

（8）将素材 "货车 .png" 拖曳至【时间轴】面板，放于最上层，选择图层 #1 "货车"，执行【图层】–【变换】–【水平翻转】命令，将其【缩放】属性值改为 –6.0,6.0%，位置移动到起点处，如图 9-57 所示。

图 9-56

图 9-57

（9）制作货车弹出的动画。指针移动到 12 帧处，将图层 #1 "货车" 的【缩放】属性值改为 0.0,0.0% 并创建关键帧；指针移动到 18 帧，将【缩放】属性值改为 –8.0,8.0%；指针移动到 22 帧，将【缩放】属性值改为 –5.0%,5.0%；指针移动到 25 帧，将【缩放】属性值改为 –6.0,6.0%，如图 9-58 所示。

（10）展开图层 #3 "陆运" 的【路径 1】属性，选择【路径】，按快捷键 Ctrl+C 进行复制，如图 9-59 所示。

图 9-58

图 9-59

（11）指针移动到 1 秒处，选择图层 #1 "货车" 的【位置】属性，按快捷键 Ctrl+V 粘贴，图层 #3 "陆运" 的路径便会以关键帧的形式粘贴到图层 #1 "货车" 的【位置】属性上，货车便会沿着路径运动，如图 9-60 所示。

图 9-60

（12）指针移动到 2 秒 18 帧处，为图层 #1 "货车" 的【缩放】属性创建关键帧，指针移动到 2 秒 24 帧处，将【缩放】属性值改为 0.0,0.0%，制作货车缩小消失的动画，如图 9-61 所示。

（13）使用【钢笔工具】绘制红色标志点和红色线段，图层分别命名为 "红色标点" 和 "红色路线"。同样操作将路线转换为虚线并都添加投影，如图 9-62 所示。

图 9-61

图 9-62

（14）为图层 #5 "红色路线" 添加【修剪路径】属性，为【结束】属性添加关键帧，制作从 1 秒到 3 秒红色路线生长的动画，如图 9-63 所示。

图 9-63

（15）使用【向后平移（锚点）工具】将 "红色标点" 的锚点移动到标点的底部。指针移动到 1 秒处，将图层 #4 "红色标点" 的【缩放】属性值改为 0.0,0.0% 并创建关键帧；指针移动到 1 秒 5 帧处，将【缩放】属性值改为 105.0,105.0%；指针移动到 1 秒 9 帧处，将【缩放】属性值改为 93.0,93.0%；指针移动到 1 秒 12 帧处，将【缩放】属性值改为 100.0,100.0%，制作 "红色标点" 缩放出现的弹性动画，如图 9-64 所示。

图 9-64

（16）指针移动到 1 秒处，将图层 #4 "红色标点" 的【旋转】属性值改为 0x+0.0° 并创建关键帧; 指针移动到 1 秒 5 帧处, 将【旋转】属性值改为 0x-27.0°; 指针移动到 1 秒 9 帧处, 将【旋转】属性值改为 0x+15.0°; 指针移动到 1 秒 12 帧处, 将【旋转】属性值改为 0x+0.0°, 制作 "红色标点" 缩放出现同时弹性摇摆的动画, 如图 9-65 所示。

图 9-65

（17）将素材 "船.png" 拖曳至【时间轴】面板, 放于第 4 层, 使用【向后平移（锚点）工具】将锚点移动到船的中心, 并将其【缩放】属性值改为 23.0,23.0%, 如图 9-66 所示。

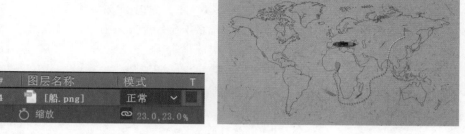

图 9-66

（18）将指针移动到 3 秒 9 帧处, 复制图层 #6 "红色路线" 的【路径】属性, 粘贴到图层 #4 "船" 的【位置】属性上, 其会自动生成关键帧。将最后一个关键帧拖曳到 6 秒 6 帧处, 如图 9-67 所示。

图 9-67

（19）此时船会沿着 "红色路线" 的路径进行运动, 但是船始终保持横向, 船头朝向并不会根据路径而改变, 如图 9-68 所示。

图 9-68

（20）选择图层 #4 "船"，执行【图层】-【变换】-【自动定向】命令，在弹出的【自动方向】对话框中选中【沿路径定向】单选按钮，单击【确定】按钮后船头朝向便会根据路径而改变，如图 9-69 所示。

图 9-69

（21）指针移动到 2 秒 23 帧处，将图层 #4 "船"的【缩放】属性值改为 0.0,0.0%，并创建关键帧；指针移动到 2 秒 28 帧处，将【缩放】属性值改为 26.0,26.2%；指针移动到 3 秒 2 帧处，将【缩放】属性值改为 21.0,21.0%；指针移动到 3 秒 5 帧处，将【缩放】属性值改为 23.0,23.0%，制作汽车消失后船弹性出现的动画，如图 9-70 所示。

（22）同样操作绘制 "蓝色标点"和"蓝色路线"，将路线设置成虚线并都添加投影，如图 9-71 所示。

图 9-70   图 9-71

（23）同样操作制作 "蓝色路线"从 3 秒 3 帧到 6 秒的生长动画，并制作 "蓝色标点"从 2 秒 27 帧到 3 秒 10 帧的缩放摇摆弹性动画，如图 9-72 所示。

图 9-72

（24）将图层 #4 "船"的出点修剪至 6 秒 24 帧，并使用快捷键 Ctrl+D 复制一层，将图层 #5 "船"重命名为 "船 2"，删除图层 #5 "船 2"上的关键帧，并将其入点移动到 6 秒 24 帧处，如图 9-73 所示。

图 9-73

（25）同样操作使"船 2"沿着"蓝色路线"运动，如图 9-74 所示。

图 9-74

（26）路线演示动画制作完成，按空格键播放预览最终效果。

9.5　创建蒙版

1. 使用【钢笔工具】和【形状工具】创建蒙版

新建项目，导入提供的素材"水果 .jpg"，使用素材创建合成，如图 9-75 所示。

使用【钢笔工具】和【形状工具】创建蒙版，首先要选择图层，然后在【查看器】窗口进行绘制，绘制蒙版的方法和绘制形状类似。

（1）选择图层，使用【钢笔工具】在【查看器】窗口沿着苹果绘制蒙版，如图 9-76 所示。

图 9-75

图 9-76

可以看到仅在蒙版范围内的图层内容才会显示。

（2）选择图层后，使用【形状工具】直接在【查看器】窗口拖曳鼠标指针即可绘制蒙版，如绘制一个圆形蒙版，如图 9-77 所示。

在同一个图层上可以多次绘制，得到多层蒙版，如图 9-78 所示。

图 9-77

图 9-78

如果要快捷地创建和图层大小相同的蒙版，选择图层后双击工具栏里的【形状工具】按钮即可。例如，要绘制一个和图层大小相同的椭圆蒙版，直接双击【椭圆工具】按钮即可完成，如图 9-79 所示。

图 9-79

2. 使用文本创建蒙版

新建文本层"新鲜 VC"，如图 9-80 所示。

选择文本层，执行【图层】-【创建】-【从文字创建蒙版】命令，或者右击鼠标，在弹出的菜单中选择【创建】-【从文字创建蒙版】选项，如图 9-81 所示。

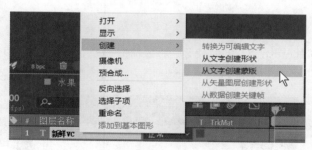

图 9-80
图 9-81

蒙版图层会自动添加到文本图层上面，文本图层隐藏，蒙版默认添加在白色纯色层上，如图 9-82 所示。

图 9-82

文本创建的蒙版可以直接复制粘贴到其他层使用，选择【蒙版】属性，按快捷键 Ctrl+C 复制，选择要粘贴的层，按快捷键 Ctrl+V 粘贴即可，如图 9-83 所示。

图 9-83

有了蒙版，就可以通过调节蒙版得到需要的效果，如图 9-84 所示。

图 9-84

3．从 Illustrator 或 Photoshop 复制蒙版

可以从 Illustrator 或 Photoshop 复制路径并将其作为蒙版复制粘贴到 After Effects。在 Photoshop 中选择路径，按快捷键 Ctrl+C 复制，如图 9-85 所示。

在 After Effects 中选择图层，按快捷键 Ctrl+V 粘贴，即可粘贴为蒙版，如图 9-86 所示。

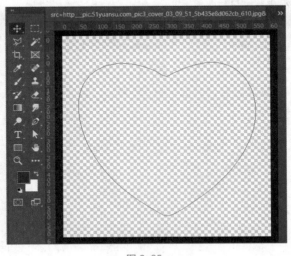

图 9-85

图 9-86

9.6　蒙版的属性

创建蒙版后，图层就会增加【蒙版】属性，可以对蒙版的属性进行调节，如图 9-87 所示。选择图层，按 M 键为显示蒙版，快速连按两次 M 键为展开蒙版所有属性，在蒙版显示的状态下按 M 键为隐藏蒙版。

也可以选择蒙版，执行【图层】-【蒙版】命令调节蒙版属性，如图 9-88 所示。

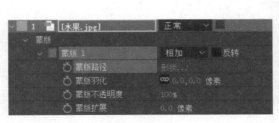

图 9-87

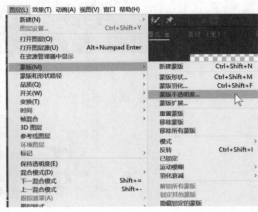

图 9-88

1. 蒙版模式

蒙版有多种复合模式，默认为【相加】模式，如图 9-89 所示。

- 【相加】：图层显示蒙版范围内的内容。
- 【相减】：图层显示蒙版范围外的内容，如图 9-90 所示。

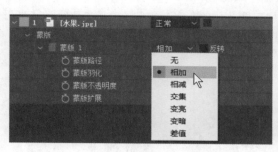

图 9-89

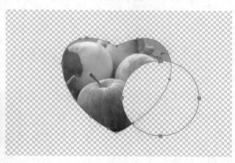

图 9-90

如果一个图层有多个蒙版，下层的蒙版模式是在上层蒙版模式的基础上进行计算的，例如，上层为【相加】模式，下层为【相减】模式，结果如图 9-91 所示。

图 9-91

- 【交集】：图层中有多个蒙版时起作用，显示和上层蒙版画面相交部分的内容，如图 9-92 所示。

图 9-92

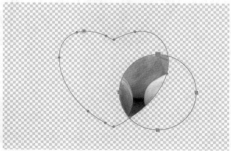

选中【反转】复选框，表示蒙版范围反转，快捷键为 Ctrl+Shift+I。

2. 蒙版路径

如果蒙版形状大小不合适，或者要制作蒙版动画，就会涉及编辑蒙版路径的操作。

（1）选择蒙版，执行【图层】-【蒙版】-【蒙版形状】命令，或者在【时间轴】面板展开【蒙版】属性，单击【蒙版路径】右边的【形状】按钮（快捷键为 Ctrl+Shift+M），即可弹出【蒙版形状】对话框，更改其中的参数值即可改变蒙版路径，如图 9-93 所示。

（2）选择【蒙版路径】属性，使用【选取工具】，按住 Shift 键的同时单击蒙版路径顶点，顶点会由实心矩形变成空心矩形，顶点进入可编辑状态，如图 9-94 所示。

图 9-93

图 9-94

选择蒙版其余属性的时候，蒙版路径顶点会直接变成空心矩形进入可编辑状态，如图 9-95 所示。

直接选择图层，蒙版路径的顶点会变成圆点，如图 9-96 所示，使用【选取工具】单击圆点，顶点就会进入可编辑状态。

（3）使用【选取工具】双击蒙版路径，可以生成矩形控件框，也可以执行【图层】-【蒙版和形状路径】-【自由变换点】命令，快捷键为 Ctrl+T。控件框上有 8 个控制点，如图 9-97 所示。

图 9-95

图 9-96

图 9-97

编辑蒙版路径的操作方法和 Photoshop 的【自由变换】类似：使用鼠标拖动控件框可以移动蒙版，使用鼠标拖动控制点可以调整蒙版的大小；按住 Ctrl 键的同时拖动控制点，即可从中心对称调整蒙版的大小；按住 Shift 键的同时拖动任意一个顶角的控制点，即为按比例调整大小；按住 Ctrl+Shift 键的同时拖动任意一个顶角的控制点，即为从中心按比例调整大小；鼠标指针放到控制点外，光标变为 时拖动鼠标即可旋转蒙版，调节完毕按回车键确定。

3．蒙版羽化

【蒙版羽化】控制蒙版边缘的柔和程度，可以更改【蒙版】属性组下的【蒙版羽化】属性值来控制羽化程度，默认值是 0，也就是边缘没有柔和过渡，属性值越大，边缘越柔和，如图 9-98 所示为属性值为 0 和 100 的对比。

图 9-98

也可以使用【蒙版羽化工具】控制羽化，单击【钢笔工具】下拉箭头，选择【蒙版羽化工具】选项，将鼠标移动到蒙版路径上，单击即可创建"羽化点"，如图 9-99 所示。

可创建多个羽化点，羽化点被选中时变为黑点，直接拖动羽化点即可调整羽化范围，羽化点距离蒙版路径越远，羽化范围越大，据此可自定义羽化形状和范围，如图 9-100 所示。

图 9-99　　　　　　　　　　　　　　图 9-100

要删除羽化点，只需选中羽化点后按 Delete 键或者 Backspace 键即可；或者按住 Ctrl 键的同时将鼠标指针移动到羽化点上单击即可。

4．蒙版不透明度

直接更改【蒙版】属性组下的【蒙版不透明度】属性值即可调整蒙版的不透明度，或者执行【图层】-【蒙版】-【蒙版不透明度】命令调整蒙版不透明度，如图 9-101 所示。

图 9-101

5. 蒙版扩展

【蒙版扩展】用于放大或缩小蒙版的范围且保持蒙版路径不变，如图 9-102 所示。

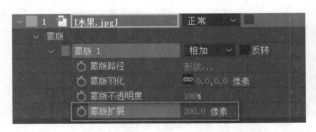

图 9-102

9.7　蒙版动画

蒙版动画就是蒙版属性的动画，蒙版的四个属性【蒙版路径】【蒙版羽化】【蒙版不透明度】【蒙版扩展】都有码表，也就是都可以创建动画。

（1）新建项目，导入提供的素材"狗 .mp4"，使用素材创建合成，如图 9-103 所示。

图 9-103

（2）选择图层，创建圆形蒙版，【蒙版羽化】的属性值改为 30.0,30.0 像素，如图 9-104 所示。

图 9-104

（3）将指针移动到第 10 帧，为【蒙版路径】属性创建关键帧；指针移动到 0 帧，双击蒙版路径调出控件框，将蒙版垂直向上移动，移出合成画面，自动生成第二个关键帧，如图 9-105 所示。

图 9-105

（4）指针移动到 17 帧处，将蒙版垂直向上移动一些，做出回弹的高度，自动创建第三个关键帧，如图 9-106 所示。

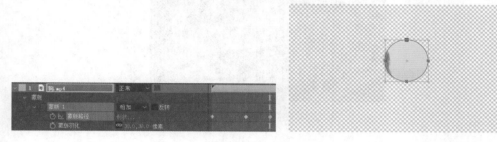

图 9-106

（5）指针移动到 20 帧处，将蒙版垂直向下移动一点，自动生成第四个关键帧，选择所有关键帧按 F9 键设置为缓动关键帧，如图 9-107 所示，这样就制作了一个简单的弹性动画。

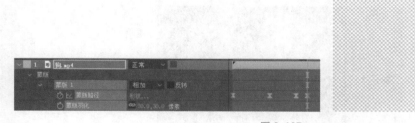

图 9-107

（6）指针移动到 22 帧，为【蒙版扩展】属性创建关键帧；指针移动到 1 秒 13 帧，增大【蒙版扩展】的属性值，直至出现整个画面，为【蒙版扩展】自动创建第二个关键帧，将两个关键帧也都设置为缓动关键帧，如图 9-108 所示。

图 9-108

按空格键播放预览，一个入场动画就制作完成了。

9.8 案例——宇宙公路效果

本案例最终效果如图 9-109 所示。

图 9-109

操作步骤如下。

（1）新建项目，导入提供的素材"立交 .mp4"，选取素材的前 6 秒并使用素材创建合成，如图 9-110 所示。

图 9-110

（2）选择图层 #1"立交"，指针移动到 0 秒处，使用【钢笔工具】沿着公路的轮廓绘制 7 个蒙版，选择合适的蒙版模式，将公路抠出，如图 9-111 所示。

图 9-111

（3）展开图层 #1 "立交" 的【蒙版】属性，为蒙版 1 ~ 蒙版 7 的【蒙版路径】属性创建关键帧，移动指针，调整 7 个蒙版的路径自动创建关键帧，使蒙版能始终贴合公路，如图 9-112 所示。

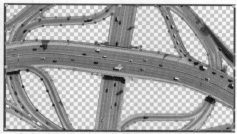

图 9-112

（4）导入提供的素材 "星空 .mp4"，将其拖曳至【时间轴】面板放于底层，如图 9-113 所示。

（5）选择图层 #1 和图层 #2，按快捷键 Ctrl+Shift+C 进行预合成，命名为 "宇宙公路"，将指针移动到 0 秒处，展开图层 #1 "宇宙公路" 的【缩放】和【旋转】属性并为其创建关键帧，如图 9-114 所示。

图 9-113

图 9-114

（6）指针移动到合成最后一帧，【缩放】属性值改为 110.0,110.0%，【旋转】属性值改为 0x+3.0°，自动创建关键帧，制作宇宙公路放大并旋转的动画，如图 9-115 所示。

图 9-115

（7）宇宙公路效果制作完成，按空格键播放查看效果。

9.9 轨道遮罩

After Effects 中的【轨道遮罩】类似于 Photoshop 中的【剪切蒙版】，也是需要两个图层才能应用。如果要在一个图层上通过形状显示另一个图层，就需要应用【轨道遮罩】，一个图层作为遮罩层，另一个图层用于填充遮罩。

新建项目，导入提供的素材"荷花 .mp4"，使用素材创建合成，如图 9-116 所示。

新建白色圆形形状图层，如图 9-117 所示。

图 9-116

图 9-117

展开图层 #2"荷花"的【轨道遮罩】栏，可以看到 5 种模式，如图 9-118 所示。

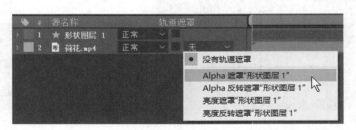

图 9-118

（1）【Alpha 遮罩】：读取的是遮罩层的形状和不透明度信息，选择【Alpha 遮罩"形状图层 1"】模式，结果如图 9-119 所示。

如果将形状图层的【不透明度】属性值降低，如改为 50%，结果如图 9-120 所示。

图 9-119

图 9-120

　　如果遮罩层【不透明度】的属性值为 100%，但是其本身是半透明的素材，如玻璃、水等，那么最终结果也是半透明的，因为系统读取的是图像自身的 Alpha 透明度信息。

　　（2）【Alpha 反转遮罩】：结果和【Alpha 遮罩】相反，如图 9-121 所示。

　　（3）【亮度遮罩】：读取的是遮罩层的亮度信息，白色最亮，呈现结果最清晰；黑色最暗，结果为完全透明，选择【亮度遮罩"形状图层 1"】模式，结果如图 9-122 所示。

图 9-121　　　　　　　　　　　　　　　　　图 9-122

　　因为形状图层为白色，所以结果为完全显示；如果形状图层为黑色，则结果为完全透明；除此之外的其他所有颜色结果都为半透明，透明程度与遮罩层的亮度相关。例如，将形状图层的颜色改为红色，结果如图 9-123 所示。

图 9-123

　　（4）【亮度反转遮罩】：结果和【亮度遮罩】相反。

9.10　内容识别填充

　　从视频中删除不需要的对象是一个耗时且复杂的过程。借助内容识别填充功能，可以通过几个简单的步骤从视频中删除任何不需要的对象，如麦克风、杆子和人物等。

　　1.【内容识别填充】面板

　　执行【窗口】-【内容识别填充】命令可以打开【内容识别填充】面板，如图 9-124 所示。

　　（1）【填充目标】：内容识别填充分析的区域的预览，透明区域边界使用粉红色勾勒。

（2）【阿尔法扩展】：使用它来增加要填充的区域的大小。

（3）【填充方法】：选择要渲染的填充类型，有【对象】【表面】
【边缘混合】。

- 【对象】：通过从当前帧和周围帧中获取像素来填充透明区域，
  以便从素材中删除一个对象。
- 【表面】：替换对象的表面，工作原理类似于【对象】类型，
  常用于静态和平坦的平面。
- 【边缘混合】：混合周围的边缘像素。通过对透明区域边缘
  的像素进行采样并将它们混合在一起来填充透明区域，并且
  渲染速度很快。常用于替换缺乏纹理的表面上的静态对象，
  如纸上的文本。

图 9-124

（4）【范围】：选择是仅渲染工作区域还是整个合成。

（5）【创建参照帧】：单击此按钮会创建单帧的填充图层并在 Photoshop 中打开，使用
Photoshop 处理填充图层得到更好的结果以作为参考，背景复杂的视频会用到此功能。

（6）【生成填充图层】：创建一个新的填充层，分析和渲染进度显示在面板底部。

2. 使用【内容识别填充】移除对象

（1）新建项目，导入提供的素材"公路.mp4"，使用素材创建合成，如图 9-125 所示。

（2）使用【内容识别填充】移除画面中的汽车，将指针移动到 1 秒 21 帧处，即汽车和它
的影子完全露出来的时候，创建矩形蒙版，将汽车和影子完全框进去，蒙版模式选择为【无】，
如图 9-126 所示。

图 9-125

图 9-126

（3）为【蒙版路径】属性创建关键帧，每隔一段时间创建一个关键帧，调节蒙版的位置和
路径大小，使蒙版能始终将汽车和影子框进去，如图 9-127 所示。

图 9-127

图 9-127（续）

（4）将蒙版模式改为【相减】，将【内容识别填充】面板的【填充方法】选择为【对象】，单击【生成填充图层】按钮，如图 9-128 所示。

（5）After Effects 会自动分析计算填充内容并渲染，如图 9-129 所示。

图 9-128

图 9-129

（6）渲染结束后，会生成一个用于填充透明区域的图像序列图层，汽车被完美移除，如图 9-130 所示。

图 9-130

9.11　案例——塔生长效果

本案例效果如图 9-131 所示。

图 9-131

操作步骤如下。

（1）新建项目，导入提供的素材"夜塔.mp4"，使用素材创建合成，如图 9-132 所示。

图 9-132

（2）选择图层 #1"夜塔"进行预合成，命名为"识别"，选择图层 #1"识别"，沿塔身绘制蒙版，【蒙版】属性选择为【无】，如图 9-133 所示。

图 9-133

（3）将蒙版模式改为【相减】，将【内容识别填充】面板中的【填充方法】选择为【对象】，单击【生成填充图层】按钮，如图 9-134 所示。

图 9-134

（4）After Effects 自动分析计算填充内容并渲染结束后，会生成一个用于填充透明区域的图像序列图层，塔被移除，如图 9-135 所示。

图 9-135

（5）选择图层 #1 和图层 #2 进行预合成，命名为"背景"，将合成的入点设置到 2 秒，出点设置到 10 秒，并执行【将合成修剪至工作区域】命令，此时可以看到画面底部还有瑕疵，如图 9-136 所示。

图 9-136

（6）选择图层 #1 "背景"，按快捷键 Ctrl+D 复制一层，将上层重命名为 "填充"，选择图层 #1 "填充"，在如图 9-137 所示位置绘制蒙版，【蒙版羽化】属性值改为 60.0,60.0 像素。

图 9-137

（7）更改图层 #1 "填充" 的【位置】属性，使蒙版内的内容覆盖有瑕疵的位置，如图 9-138 所示。

（8）在【项目】面板双击素材 "夜塔.mp4"，在【素材】查看器将入点修剪至 2 秒，然后将素材拖曳至【时间轴】面板放于最上层，将其预合成并命名为 "塔"，双击图层 #1 "塔" 进入合成内部，选择图层 #1 "夜塔" 后连续按快捷键 Ctrl+D 复制 4 层，如图 9-139 所示。

图 9-138

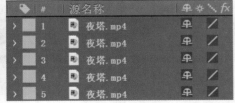

图 9-139

（9）在 5 个图层上分别沿塔身绘制蒙版，将塔分成 5 个部分，如图 9-140 所示。

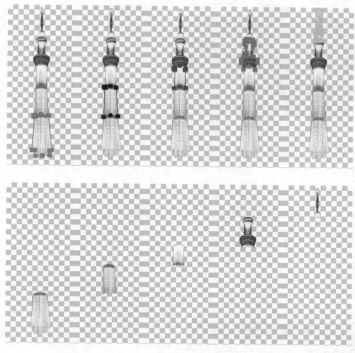

图 9-140

（10）将 5 个图层按塔身从下到上的顺序分别命名为"塔 1"～"塔 5"。选择图层 #5"塔 5"，指针移动到 5 秒处，展开图层 #5"塔 5"的【位置】属性并创建关键帧；指针移动到 4 秒 10 帧处，将塔向下移动直至全部隐藏到图层 #4"塔 4"的后面，自动创建关键帧。全选关键帧，按 F9 键设置为缓动关键帧并打开【运动模糊】开关，如图 9-141 所示。

图 9-141

（11）选择图层 #4"塔 4"，按住 Ctrl 键的同时双击【向后平移（锚点）工具】按钮，将锚点设置到蒙版中心。指针移动到 4 秒 10 帧，展开图层 #4"塔 4"的【位置】和【缩放】属性并创建关键帧；指针移动到 3 秒 26 帧处，将其向下移动直至全部隐藏到图层 #3"塔 3"后面，并将【缩放】属性值改为 0.0,0.0%。全选关键帧，按 F9 键设置为缓动关键帧并打开【运动模糊】开关，如图 9-142 所示。

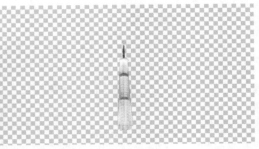

图 9-142

（12）选择图层 #3"塔 3"，指针移动到 4 秒处，展开图层 #3"塔 3"的【位置】属性并创建关键帧；指针移动到 3 秒 20 帧处，将塔向下移动直至全部隐藏到图层 #2"塔 2"的后面，自动创建关键帧。全选关键帧，按 F9 键设置为缓动关键帧并打开【运动模糊】开关，如图 9-143 所示。

图 9-143

（13）选择图层 #2"塔 2"，指针移动到 3 秒 20 帧处，展开图层 #2"塔 2"的【位置】属性并创建关键帧；指针移动到 3 秒 10 帧处，将塔向下移动直至全部隐藏到图层 #1"塔 1"的后面，自动创建关键帧。全选关键帧，按 F9 键设置为缓动关键帧并打开【运动模糊】开关，如图 9-144 所示。

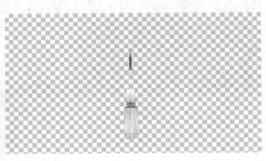

图 9-144

（14）选择图层 #1"塔 1"，按住 Ctrl 键的同时双击【向后平移（锚点）工具】按钮，将锚点设置到蒙版中心。指针移动到 3 秒 10 帧处，展开图层 #1"塔 1"的【位置】和【旋转】属性并创建关键帧；指针移动到 3 秒处，将塔身向下移动并将【旋转】属性值改为 0x+15.0°。全选关键帧，按 F9 键设置为缓动关键帧并打开【运动模糊】开关，如图 9-145 所示。

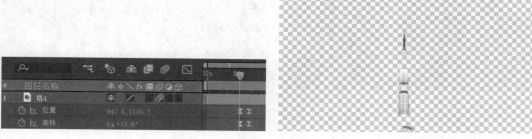

图 9-145

（15）此时播放预览会有一个塔生长的动画，但是穿帮也很明显，将图层 #2 ～图层 #5 分别进行预合成，如图 9-146 所示。

（16）为图层 #2 ～图层 #5 分别绘制矩形蒙版，使塔身只在原本位置显示，如图 9-147 所示。

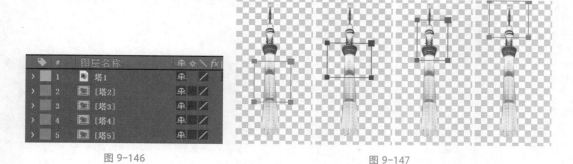

图 9-146　　　　　　　　　　图 9-147

（17）播放预览，塔生长动画制作完成。回到主合成，可以发现底部生长的时候还是有穿帮，如图 9-148 所示。

图 9-148

（18）将【项目】面板上的素材"夜塔.mp4"再次拖曳至【时间轴】面板，放于最上层并命名为"前景"，选择图层 #1"前景"沿楼房绘制蒙版，如图 9-149 所示。

图 9-149

（19）塔生长效果制作完成，按空格键播放预览最终效果。

9.12　总结

要掌握好形状以及蒙版的不同创建方法，对于形状和蒙版的属性设置更是要熟练运用，做到举一反三，创作出更多优秀案例。

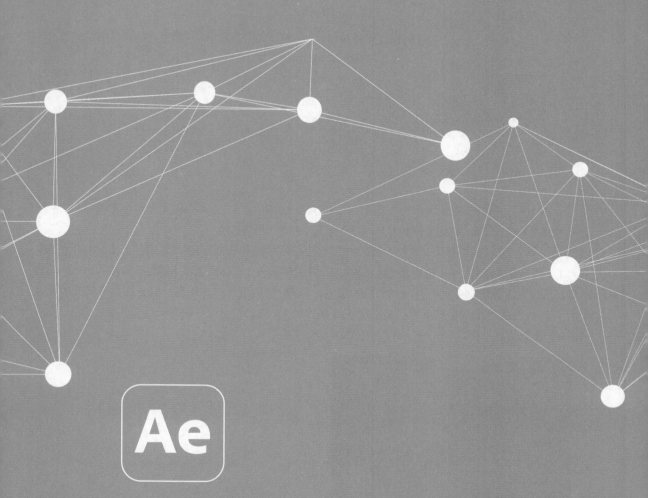

Ae

第 10 章
3D 图层与摄像机

After Effects 是一个二维的合成和特效软件，但是它的三维功能同样强大，也是其必不可少的功能。

10.1 3D 图层相关操作

1. 转换为 3D 图层

在 After Effects 中，大部分图层都可以转换为 3D 图层，在【时间轴】面板上打开三维图层开关◉或者选择图层并执行【图层】-【3D 图层】命令即可转换。

转换为 3D 图层后，图层本身还是保持平面没有厚度，但是会获得其他属性：【位置】【锚点】【缩放】【方向】【X 轴旋转】【Y 轴旋转】【Z 轴旋转】【材质选项】属性，如图 10-1 所示。【材质选项】属性指定层如何与光和阴影交互。只有 3D 图层可以与阴影、灯光和摄像机交互。

选择图层后【查看器】窗口会出现三维坐标轴，X 轴为红色，Y 轴为绿色，Z 轴为蓝色，如图 10-2 所示。

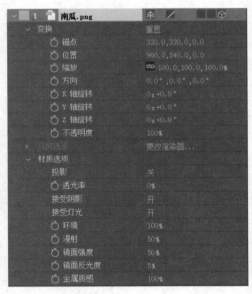

图 10-1

图 10-2

要隐藏或者显示三维坐标轴，执行【视图】-【显示图层控件】命令即可。

2. 移动和旋转 3D 图层

下面介绍一下移动和旋转 3D 图层的方法。

（1）移动 3D 图层。

使用【选取工具】在【查看器】窗口选择对象直接拖曳即可移动图层；选择三维坐标轴的某个箭头拖曳可以使其沿着此方向移动，按住 Shift 键拖曳可以更快速地移动图层。

在【时间轴】面板直接修改【位置】的属性值可以移动 3D 图层。

（2）旋转 3D 图层。

选择图层，使用工具栏里的【旋转工具】█直接在【查看器】窗口中的对象上拖曳旋转图层。

将光标移动到三维坐标轴上，当光标变为 X 或 Y 或 Z 时拖曳鼠标，可以沿着此方向旋转图层，如图 10-3 所示。

图 10-3

展开图层属性，更改【方向】属性的属性值，即可旋转图层。

展开图层属性，更改【X 轴旋转】【Y 轴旋转】【Z 轴旋转】的参数值，图层会分别围绕 X、Y、Z 轴旋转。

提 示

通过【方向】和【旋转】属性都可以旋转图层，二者之间的区别体现在为这两个属性制作动画时。例如，将图层沿 Y 轴旋转 400°，用【旋转】属性制作动画时图层会旋转一圈多，但是用【方向】属性制作动画时图层会直接转动到指定方向，也就是体现在动画上是只转动了 40°。

10.2　案例——三维盒子展示

本案例效果如图 10-4 所示。

图 10-4

图 10-4（续）

操作步骤如下。

（1）新建项目，导入提供的素材"家装1.jpg"～"家装6.jpg"，新建合成，命名为"家装1"，宽度为 1080 px，高度为 1080 px，将素材"家装1.jpg"拖曳至【时间轴】面板，如图 10-5 所示。

图 10-5

（2）在【项目】面板选择合成"家装1"，连续按快捷键 Ctrl+D 复制 5 份，如图 10-6 所示。

图 10-6

（3）在【项目】面板双击合成"家装2"打开合成，将合成内的"家装1"替换为素材"家装2.jpg"，如图 10-7 所示。

图 10-7

（4）同样操作将合成 3 ~ 合成 6 中的"家装 1"替换为素材"家装 3.jpg"~"家装 6.jpg"，新建合成，命名为"三维盒子"，宽度为 1920 px，高度为 1080 px，将合成"家装 1"~"家装 6"拖曳至【时间轴】面板，如图 10-8 所示。

（5）选择所有图层，按 S 键展开【缩放】属性，将属性值都改为 50.0,50.0,50.0%，并为所有图层打开 3D 开关，如图 10-9 所示。

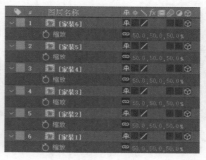

图 10-8

图 10-9

（6）修改图层 #1"家装 6"~ 图层 #5"家装 2"的【位置】属性值，使这 6 张图片刚好摆成盒子展开后的形状，如图 10-10 所示。

图 10-10

（7）选择图层 #5"家装 2"，按住 Ctrl 键的同时使用【向后平移（锚点）工具】将锚点向右侧弯折线移动，锚点会自动吸附到最右端，如图 10-11 所示。

（8）同样操作将图层 #1 "家装 6" ～图层 #4 "家装 3" 的锚点都移动到弯折线上，如图 10-12 所示。

图 10-11　　　　　　　　　　　　　　　图 10-12

（9）指针移动到 0 秒处，展开图层 #5 "家装 2" 的【旋转】属性，为【Y 轴旋转】属性创建关键帧；指针移动到 1 秒处，将【Y 轴旋转】属性值改为 0x-90.0°，制作图层 #5 "家装 2" 折起的动画，如图 10-13 所示。

图 10-13

（10）将图层 #1 "家装 6" 设置为图层 #2 "家装 5" 的子级，同样操作在 0 ～ 1 秒制作图层 #2 "家装 5" ～图层 #4 "家装 3" 的折起动画，如图 10-14 所示。

图 10-14

（11）指针移动到 1 秒处，为图层 #1 "家装 6" 的【Y 轴旋转】属性创建关键帧；指针移动到 1 秒 15 帧处，将【Y 轴旋转】属性值改为 0x+90°，盖上盖子最终形成盒子，如图 10-15 所示。

（12）新建空对象，开启 3D 开关，将其【位置】属性值改为 960.0,540.0,-270.0，使其位于三维盒子的中心，如图 10-16 所示。

图 10-15

图 10-16

（13）将图层 #3 "家装 5" ～图层 #7 "家装 1" 都设置为空对象的子级，如图 10-17 所示。

（14）选择图层 #1 "空 1"，指针移动到 28 帧处，为其三个方向的旋转属性都创建关键帧，如图 10-18 所示。

图 10-17

图 10-18

（15）指针移动到 10 秒处，将三个旋转属性值都改为 1x+0.0°，如图 10-19 所示。

图 10-19

（16）三维盒子展示动画制作完成，按空格键播放预览查看最终效果。

10.3　3D 渲染器

3D 图层开启后，【3D 渲染器】也会开启，【3D 渲染器】用于确定合成中的 3D 图层可以使用的功能，以及它们如何与 2D 图层进行交互。可以在【合成设置】对话框中选择 3D 渲染器的种类，有【经典 3D】和【CINEMA 4D】两种，默认为【经典 3D】类型，图层是作为平面放置在 3D 空间中的，如图 10-20 所示。

【CINEMA 4D】渲染器常用于制作 3D 的文本或者图形，启用后【混合模式】【图层样式】【轨道遮罩】等都会被禁用，如图 10-21 所示。

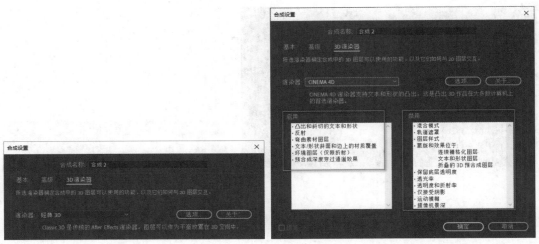

图 10-20　　　　　　　　　　　　　　　　　图 10-21

10.4　CINEMA 4D 渲染器的应用

新建项目合成，宽度为 1920 px，高度为 1080 px，帧速率为 30 帧 / 秒，命名为"三维文字"，在【3D 渲染器】选项组中选择【CINEMA 4D】渲染器，如图 10-22 所示。

创建文本层"三维文字"，如图 10-23 所示。

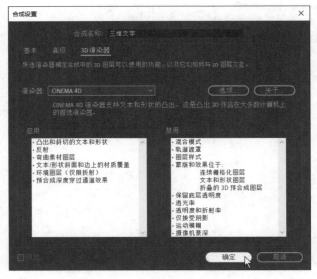

图 10-22

图 10-23

开启文本层的三维图层开关，展开【几何选项】属性，【斜面样式】选择为【凸面】，【凸出深度】的属性值改为 100.0，如图 10-24 所示。

图 10-24

在【查看器】窗口下将【3D 视图弹出式菜单】选择为【自定义视图 1】选项，如图 10-25 所示。

按住 Alt 键的同时在【查看器】窗口拖曳鼠标可以旋转视图，旋转到合适角度后可以看到文字已经有了三维效果，如图 10-26 所示。

图 10-25　　　　　　图 10-26

选择文本层，为文本添加白色描边，可以使三维效果更明显，如图 10-27 所示。

还可以为文本添加环境，模拟材质的效果，切记使用环境的时候文本的颜色一定要用白色。导入提供的素材"极光 .mp4"，将其拖曳至【时间轴】面板，开启三维图层开关，如图 10-28 所示。

图 10-27　　　　　　　　　　　　　图 10-28

选择图层 #1"极光"，执行【图层】-【环境图层】命令，图层会变为环境图层并增加 ◎ 图标，如图 10-29 所示。

图 10-29

选择文本层，取消描边，并将颜色改为白色，展开文本层的【材质选项】属性，增大【反射强度】的属性值，文本便会受环境影响，犹如为文本添加了材质，如图 10-30 所示。

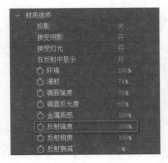

图 10-30

10.5 摄像机

使用摄像机可以从任意角度和距离查看 3D 图层，正如在现实世界中移动摄像机比移动和旋转场景本身更容易一样，通过设置摄像机并在合成中移动它可以更方便地获得合成的不同视图。

1. 创建与设置摄像机

执行【图层】-【新建】-【摄像机】命令，或者在【时间轴】面板空白处右击，在弹出的菜单中选择【新建】-【摄像机】选项，会弹出【摄像机设置】对话框，单击【确定】按钮即可创建摄像机，如图 10-31 所示。下面对【摄像机设置】对话框中的主要选项进行说明。

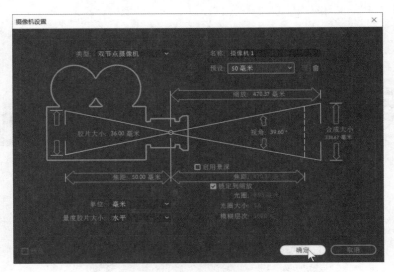

图 10-31

- 类型：有双节点摄像机和单节点摄像机，单节点摄像机围绕自身定向，而双节点摄像机具有目标点并围绕该点定向。
- 名称：确定摄像机的名称，默认名字为新建摄像机的序号，可以自行更改。

- 预设：摄像机镜头的预设，如图 10-32 所示。
- 缩放：摄像机到画面之间的距离，属性值增大则视野范围缩小。
- 胶片大小：胶片曝光面积的大小，直接关系到构图的大小。属性值增大则视野随之增大，属性值减小则视野随之缩小。
- 视角：焦距、胶片大小和缩放决定着视角的大小，也可以自定义视角的大小，更宽的视角会产生与广角镜头相同的结果。
- 启用景深：模拟真实摄像机的景深，创建更逼真的摄像机对焦效果，启用景深后，可以使焦点距离范围外的图像变模糊。
- 焦距：胶片平面到摄像机镜头的距离，短焦距为广角，长焦距为长焦。
- 单位：摄像机设置的测量单位，使用像素、英寸或毫米为单位。
- 量度胶片大小：描述合成画面的水平、垂直、对角的大小。
- 锁定到缩放：使焦距和缩放值的大小相匹配。

图 10-32

创建摄像机后，展开摄像机的属性，可以看到有【变换】和【摄像机选项】两个属性组，如图 10-33 所示。

图 10-33

- 【变换】属性组和其他图层的【变换】属性组类似，此处不再过多赘述。
- 【摄像机选项】属性组下为摄像机特有的属性，在【摄像机设置】对话框中设置好的属性还可以在这里修改。

2. 移动和旋转摄像机

新建摄像机后，将【3D 视图弹出式菜单】选择为【自定义视图 1】，以方便观察摄像机，如图 10-34 所示。

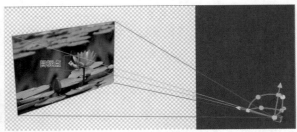

图 10-34

使用【选取工具】对摄像机进行移动或旋转的方法如下。

（1）沿单个轴同时移动摄像机及其目标点，在【查看器】窗口将光标置于要调整的坐标轴上并拖曳鼠标。

（2）沿单个轴移动摄像机而不移动目标点，在【查看器】窗口将光标置于要调整的坐标轴上，按住 Ctrl 键的同时拖曳鼠标，或者直接修改摄像机的【位置】属性值。

（3）要自由移动摄像机而不移动目标点，在【查看器】窗口将光标置于摄像机上拖曳鼠标。

（4）要移动目标点，在【查看器】窗口将光标置于目标点上拖曳鼠标，或者修改摄像机的【目标点】属性。

（5）要沿单个轴旋转摄像机，在【查看器】窗口将光标置于要调整的坐标轴上，光标变为 X 或 Y 或 Z 后拖曳鼠标，或者修改摄像机的【方向】【X 轴旋转】【Y 轴旋转】【Z 轴旋转】的属性值。

3．摄像机动画

摄像机动画就是为摄像机的属性创建关键帧动画，模拟现实中的镜头运动，制作类似推、拉、摇、移、跟等的运镜动画。

新建项目，导入提供的素材"鹦鹉 .jpg"，使用素材创建合成，如图 10-35 所示。

展开摄像机的【变换】属性，将指针移动到 0 秒处，为【目标点】和【位置】属性创建关键帧，如图 10-36 所示。

图 10-35

图 10-36

将指针移动到 2 秒处，增大【位置】属性中 Z 轴的属性值，自动创建第二个关键帧，使摄像机向前移动，制作推镜头的效果，如图 10-37 所示。

图 10-37

调节【目标点】属性中 X 方向和 Y 方向的属性值，使鹦鹉的主体位于画面中，自动创建第二个关键帧，如图 10-38 所示。

图 10-38

按空格键播放预览，可以看到制作了一个推镜头 + 摇镜头的动画。

10.6　灯光

灯光可用于照亮 3D 图层并投影，还可以影响它照射到 3D 图层的颜色，具体取决于光照的设置和 3D 图层的【材质选项】属性。

1. 创建与设置灯光

在【时间轴】面板空白处右击，在弹出的菜单里选择【新建】-【灯光】选项，或者执行【图层】-【新建】-【灯光】命令，会弹出【灯光设置】对话框，单击【确定】按钮即可创建灯光，如图 10-39 所示。

下面对【灯光设置】对话框中的主要选项进行说明。

（1）【名称】：灯光的名字，以灯光类型的序号为默认名称，可以自行更改。

（2）【灯光类型】：设置灯光的类型，有【平行】【聚光】【点】【环境】四种类型。

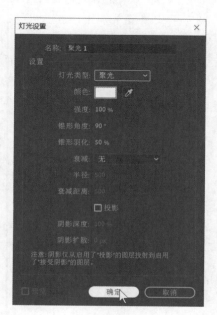

图 10-39

- 【平行】：从无限远的光源处发出无约束的定向光，模拟太阳光。
- 【聚光】：模拟聚光灯发出的光线。
- 【点】：无约束的全向光线，模拟电灯泡的光线。
- 【环境】：没有光源，但有助于提高场景的总体亮度，【环境】光不产生投影。

（3）【颜色】：设置灯光的颜色。

（4）【强度】：设置灯光的亮度。

（5）【锥形角度】：光源周围锥形的角度，确定远处光束的宽度，【灯光类型】选择为【聚光】时激活。

（6）【锥形羽化】：聚光灯边缘的柔化程度，【灯光类型】选择为【聚光】时激活。

（7）【衰减】：设置灯光光线衰减的类型，【环境】光不能衰减。

（8）【半径】：指定光照衰减的半径。在半径内光照是不变的，在此半径外光照衰减。

（9）【衰减距离】：指定光衰减的距离。

（10）【投影】：指定光源是否开启图层投影。

（11）【阴影深度】：设置阴影的深度，选中【投影】复选框后此选项被激活。

（12）【阴影扩散】：根据阴影与阴影图层之间的视距，设置阴影的柔和度。数值越大则阴影越柔和。

2. 【材质选项】属性

3D 图层具有【材质选项】属性，以确定 3D 图层与灯光和阴影交互的方式，如图 10-40 所示。下面对其中的属性进行说明。

（1）【投影】：指定图层是否在其他图层上投影。阴影的方向和角度由光源的方向和角度决定。设置为【仅】的时候，图层不可见但仍投影。

（2）【透光率】：透过图层的光照的百分比，将图层的颜色投射在其他图层上作为阴影。该属性值为 0% 时，没有光照透过图层，从而投射黑色阴影。该属性值为 100% 时，将投影图层的全部颜色值投影到接受阴影的图层上。

图 10-40

（3）【接受阴影】：指定图层是否显示其他图层在它之上投射的阴影。

（4）【接受灯光】：图层是否接受灯光的照射，此设置不影响阴影。

（5）【环境】：图层对环境的反射程度。

（6）【漫射】：图层的漫反射程度，将漫反射应用于图层就像在图层之上放置暗淡的塑料片，落在该图层上的光线向四面八方均匀反射。

（7）【镜面强度】：设置图层镜面反射的强度。

（8）【镜面反光度】：确定镜面高光的大小。

（9）【金属质感】：决定图层上高光的颜色，该属性值为 100% 时质感最强，该属性值为 0% 时质感最弱。

3．移动和旋转灯光

添加灯光后如图 10-41 所示。

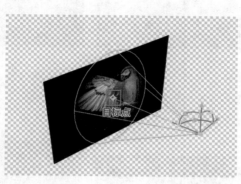

图 10-41

灯光的移动和旋转操作与摄像机相同，这里不再说明。

10.7　案例——照片墙效果

本案例效果如图 10-42 所示。

图 10-42

操作步骤如下。

（1）打开提供的项目文件"照片墙 .aep"，导入提供的素材"油画 1.jpg"～"油画 6.jpg"以及"相框 .png"，将素材"相框 .png"拖曳至【时间轴】面板，展开【缩放】属性，属性值改为 352.0,321.0%，如图 10-43 所示。

图 10-43

（2）将素材"油画 1.jpg"拖曳至【时间轴】面板，放于图层 #1"相框"下方，展开图层 #2 的【缩放】属性，将属性值改为 45.0,45.0%，如图 10-44 所示。

图 10-44

（3）开启图层 #1"相框"和图层 #2"油画 1"的 3D 开关，并将【位置】属性值都改为 960.0,540.0,-40.0。选择图层 #1"相框"，按快捷键 Ctrl+D 复制一层，命名为"相框 2"，将素材"油画 2.jpg"拖曳至【时间轴】面板，放于图层 #1"相框 2"的下方，开启 3D 开关，并将其【缩放】属性改为 48.0,48.0,48.0%，如图 10-45 所示。

图 10-45

（4）展开图层 #1"相框 2"和图层 #2"油画 2"的【位置】属性，属性值都修改为 3500.0,1625.0,-40.0，如图 10-46 所示。

（5）在【查看器】窗口将【3D 视图弹出式菜单】设置为【自定义视图 1】，使用【选取工具】在按住 Alt 键的同时使用鼠标左键、滚轮和右键分别旋转、平移和推拉视图，调节视图的角度，观察图层 #1"相框 2"和图层 #2"油画 2"移动位置后的所在位置，如图 10-47 所示。

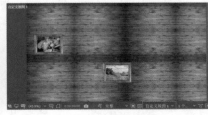

图 10-46   图 10-47

（6）同样操作将"相框 3"和"油画 3"的【位置】属性都改为 6040.0,-182.0,-40.0，如图 10-48 所示。

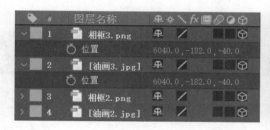

图 10-48

（7）重复操作，将剩余三张油画也移动到合适的位置，如图 10-49 所示。

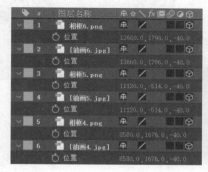

图 10-49

（8）新建摄像机，选择【预设】为 35 毫米，如图 10-50 所示。

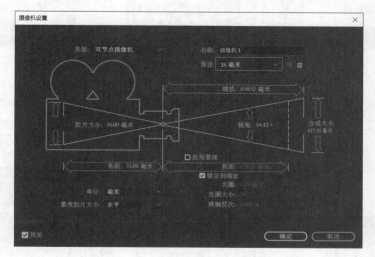

图 10-50

（9）选择图层 #1 "摄像机 1"，执行【图层】-【摄像机】-【创建空轨道】命令，会生成一个空对象层并自动成为摄像机的父级，如图 10-51 所示。

（10）指针移动到 15 帧处，为图层 #1"摄像机 1 空轨道"的【位置】属性创建关键帧；指针移动到 3 秒 15 帧处，将图层 #1"摄像机 1 空轨道"设置为图层 #12"油画 2"的子级，如图 10-52 所示。

图 10-51　　　　　　　　　　　图 10-52

（11）将图层 #1"摄像机 1 空轨道"的【位置】属性值改为 0.0,0.0,0.0，自动创建第二个关键帧，此时摄像机会自动找到"油画 2"，如图 10-53 所示，不用手动调节【位置】属性去寻找"油画 2"。

图 10-53

（12）此时摄像机的目标点在"油画 2"的左上角，修改图层 #1"摄像机 1 空轨道"的【位置】属性值，将"油画 2"移动到视图中心，如图 10-54 所示。

图 10-54

（13）将图层 #1"摄像机 1 空轨道"的【父级和链接】选择为【无】，指针移动到 6 秒 15 帧处，重新将其设置为图层 #10"油画 3"的子级，然后将【位置】属性值改为 640.0,395.0,0.0，使摄像机自动找到"油画 3"，【位置】属性值为油画尺寸的一半，如图 10-55 所示。

图 10-55

（14）重复操作，每隔 3 秒使摄像机移动到下一张油画，直至找到"油画 6"，如图 10-56 所示。

图 10-56

（15）播放预览，摄像机动画没有节奏。全选图层 #1 "摄像机 1 空轨道"【位置】属性所有关键帧，按 F9 键转换为缓动关键帧，此时再播放预览，摄像机动画节奏正确，如图 10-57 所示。

（16）新建图层 "点光 1"，属性如图 10-58 所示。

图 10-57

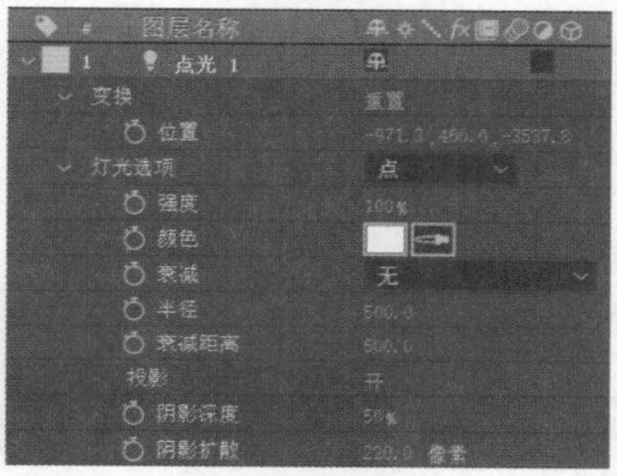

图 10-58

（17）展开所有相框层的【材质选项】属性，将【投影】设置为【开】，使相框对于墙面有投影，增加画面的质感，如图 10-59 所示。

图 10-59

（18）播放预览，会发现越往后画面越暗，继续新建两个点光 "点光 2" 和 "点光 3"，照亮其余部分，属性如图 10-60 所示。

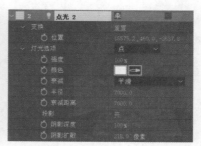

图 10-60

（19）照片墙效果制作完成，按空格键播放预览最终效果。

10.8　总结

在实际工作中，无论是特效还是包装制作，都是离不开 After Effects 三维功能的，尤其是摄像机动画，这部分内容是重点，一定要掌握好。

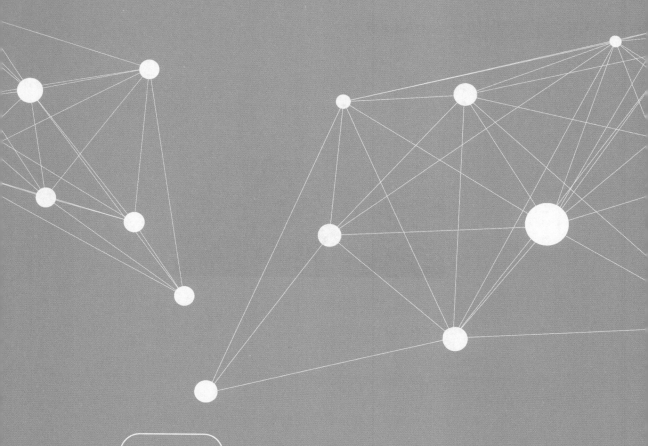

Ae

第 11 章

效果和预设

After Effects 的视频效果类似于 Photoshop 里的"滤镜",但是它可以通过创建关键帧动画来实现动态特效,而预设是 After Effects 内置的设置好的动画效果,可以直接应用。

11.1　效果和预设概述

After Effects 内置了很多种视频效果和预设,都可以应用到图层上,来添加或修改静止图像、视频和音频的特性。

所有视频效果的源程序都可以在 After Effects 安装目录下的"Plug-ins"文件夹下找到,如图 11-1 所示。

所有的视频效果和动画预设都可以在【效果和预设】面板找到,如图 11-2 所示。

图 11-1　　　　　　　　　　　　　　　　　　　　图 11-2

11.2　添加效果和预设的方法

新建项目,导入提供的素材"投球 .mp4",使用素材创建合成,如图 11-3 所示。

图 11-3

为图层添加效果有不同的方法，如为图层添加【画笔描边】效果，常用方法如下。

1．菜单栏创建效果

选择图层，执行【效果】-【风格化】-【画笔描边】命令，效果将被应用于图层，如图 11-4 所示。

图 11-4

2．快捷菜单创建效果

在【时间轴】面板选择图层并右击，在弹出的菜单中选择【效果】-【风格化】-【画笔描边】选项；或者在【效果控件】面板空白处右击，在弹出的菜单里选择【风格化】-【画笔描边】选项，效果也会应用于图层。

3．【效果和预设】面板创建效果和预设

在【效果和预设】面板找到【画笔描边】效果，直接拖曳到图层上或者选择图层后双击【画笔描边】，效果即可应用；在【效果和预设】面板的搜索框中直接搜索"画笔描边"效果，【画笔描边】效果可单独显示，如图 11-5 所示。

要应用动画预设，在【效果和预设】面板找到要应用的预设，直接拖曳到图层上或者选择图层后双击预设即可。例如，为图层添加【不良电视信号 3- 弱】的预设效果，如图 11-6 所示。

图 11-5

图 11-6

11.3　效果控件面板

将效果应用于图层上后，【效果控件】面板就会自动打开，如图 11-7 所示，如果不小心关闭了面板，可以执行【窗口】-【效果控件】命令重新打开。

【效果控件】面板可以看作一种查看编辑器，会列出图层上应用的所有效果以及用于更改效果属性值的控件。

效果的排列和图层一样，也是上下堆积排列，调整合成中图层的上下顺序会影响最终画面的效果，调整【效果控件】面板中效果的排列顺序也会影响图层的最终效果。

新建项目，导入提供的素材"荷花 .mp4"，使用素材创建合成，如图 11-8 所示。

图 11-7

图 11-8

选择图层，先后执行【效果】-【风格化】-【发光】命令和【效果】-【风格化】-【查找边缘】命令，如图 11-9 所示。

图 11-9

使用【选取工具】在【效果控件】面板将两个效果的上下顺序颠倒，结果如图 11-10 所示。

图 11-10

由此可见，在最终效果确定的情况下，最好不要更改效果的排列顺序。

11.4　编辑视频效果

新建项目，导入提供的素材"运动.mp4"，使用素材创建合成，如图 11-11 所示。

图 11-11

选择图层，执行【效果】-【风格化】-【散布】命令，在【效果控件】面板将【散布数量】的属性值改为 20.0，为图层添加毛玻璃的效果，如图 11-12 所示。

图 11-12

1. 在同一个图层复制效果

在【效果控件】面板上选择效果名称，如【散布】效果，右击并选择【复制】选项，快捷键为 Ctrl+D，便会在【效果控件】面板粘贴一个新的【散布】效果，可以分别调节两个效果的属性，最终结果为两个效果的叠加，如图 11-13 所示。

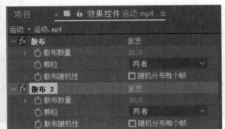

图 11-13

2．在不同图层复制效果

导入提供的素材"舞蹈.mp4"，拖曳至【时间轴】面板放于顶层，选择图层 #2"运动"，在【效果控件】面板上选择效果，右击并在弹出的菜单里选择【复制】选项，快捷键为 Ctrl+C；或者选择【剪切】选项，快捷键为 Ctrl+X，如图 11-14 所示。然后选择图层 #1"舞蹈"，执行【编辑】-【粘贴】命令，快捷键为 Ctrl+V，效果就会被粘贴到图层 #1"舞蹈"上，如图 11-15 所示。如果选择的是【剪切】选项，那么图层 #2"运动"上的效果就会消失。

图 11-14   图 11-15

3．在不同合成之间复制效果

在不同合成之间复制效果的操作方法与在不同图层之间复制效果相同，选择效果并复制后进入另一个合成，选择图层后粘贴即可。

4．禁用或删除效果

（1）在将效果应用到图层后，可以暂时禁用图层上的一个或多个效果，以方便查看有无效果的对比。在【效果控件】面板中将需要禁用的效果前面的 _fx_ 开关关闭即可禁用效果，如图 11-16 所示。

在【时间轴】面板上将图层的【效果开关】关闭，会禁用图层上的所有效果，如图 11-17 所示。

（2）要从图层中删除一个或多个效果，在【效果控件】面板或者【时间轴】面板中选择效果的名称，按 Delete 键即可，如图 11-18 所示。

图 11-16

图 11-17

图 11-18

要从一个或多个图层中删除所有效果，在【时间轴】面板选择图层，执行【效果】-【全部移除】命令即可，如图 11-19 所示。

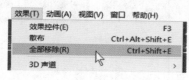

图 11-19

11.5　常用视频效果（一）

1. 风格化

【风格化（Stylize）】效果可以为画面添加不同风格的特殊效果。

新建项目，导入提供的素材"老虎.mp4"，使用素材创建合成，如图 11-20 所示。

图 11-20

（1）阈值（Threshold）：将灰度或彩色图像转换为高对比度的黑白图像。当指定特定的级别作为阈值时，比阈值浅的所有像素将转换为白色，比阈值深的所有像素将转换为黑色，如图 11-21 所示。

图 11-21

（2）画笔描边（Brush Strokes）：使画面变为粗糙的油画效果，如图 11-22 所示。

图 11-22

- 【描边角度】：描边的方向，会按此方向转移像素。
- 【画笔大小】：画笔的大小，以像素为单位。
- 【描边长度】：每个描边的最大长度，以像素为单位。
- 【描边浓度】：浓度越高，画笔描边重叠越多。
- 【描边随机性】：属性值越大，描边越随机。
- 【绘画表面】：指定画笔描边应用的对象。
- 【与原始图像混合】：效果的透明度，属性值为 100.0% 时，效果完全透明。

（3）卡通（Cartoon）：简化和平滑图像中的阴影和颜色，并可将描边添加到轮廓之间的边缘上，生成类似卡通的效果，如图 11-23 所示。

图 11-23

- 【渲染】：有【填充】【边缘】【填充及边缘】三种渲染方式，根据需要选择不同方式。

- 【细节半径】：增加属性值会增加模糊程度。
- 【细节阈值】：属性值越低，保留的完好细节越多；属性值越高，简化的卡通类效果越多，保留的细节越少。
- 【填充】：图像的明亮度值，根据【阴影步骤】和【阴影平滑度】属性的设置进行量化。
- 【阈值】：确定两个像素具有多大差异卡通效果才会将它们视为位于边缘的两侧。增加【阈值】的值可使更多的区域被视为边缘。
- 【宽度】：添加到边缘的描边的宽度。
- 【柔和度】：增加属性值可使边缘描边和周围颜色之间的过渡更柔和。
- 【不透明度】：设置边缘描边的不透明度。
- 【边缘增强】：正值用于锐化边缘；负值用于扩展边缘。
- 【边缘黑色阶】：较小的属性值可为边缘添加灰色阴影，较大的属性值会实现类似在黑色背景上添加白色描边的效果。
- 【边缘对比度】：调节边缘的对比度。

（4）散布（Scatter）：在图层中散布像素，从而创建模糊的外观，效果类似于毛玻璃，如图 11-24 所示。

图 11-24

- 【散布数量】：数量越大，画面越模糊。
- 【颗粒】：设置散布像素的方向。

（5）CC Block Load（CC 块加载）：使画面块状化，并用该块所在位置的主色调填充块颜色，模拟画面块状化扫描载入的动画效果，如图 11-25 所示。

图 11-25

- 【Completion】：效果的完成程度。
- 【Scans】：设置扫描的次数。

（6）CC Burn Film（CC 胶片烧灼）：模拟画面灼烧生成黑色孔洞的效果，如图 11-26 所示。

图 11-26

- 【Burn】：灼烧的程度。
- 【Center】：设置灼烧的中心点。
- 【Random Seed】：设置随机值。

（7）CC Glass（CC 玻璃）：通过分析画面，添加高光及阴影，并产生一些微小变形，模拟玻璃透视效果，如图 11-27 所示。

图 11-27

（8）CC HexTile（CC 蜂巢）：可以生成犹如蜂巢的效果，如图 11-28 所示。

图 11-28

- 【Render】：选择渲染的种类。
- 【Radius】：设置效果的半径大小。
- 【Center】：设置效果的中心点。
- 【Rotate】：设置效果的旋转角度。
- 【Smearing】：设置效果的缩放程度。

（9）CC Kaleida（CC 万花筒）：可以生成万花筒效果，如图 11-29 所示。

图 11-29

- 【Center】：设置效果的中心点。
- 【Size】：设置效果的大小尺寸。
- 【Mirroring】：设置效果的对称方式。
- 【Rotation】：设置效果的旋转角度。

（10）CC Mr.Smoothie（CC 平滑）：使画面的像素融合，如图 11-30 所示。

（11）CC Plastic（CC 塑料）：可以生成凹凸的塑料效果，效果和【CC Glass】类似，如图 11-31 所示。

（12）CC RepeTile（CC 边缘拼贴）：可以将画面的边缘进行水平和垂直的重复拼贴，生成像素叠印的效果，如图 11-32 所示。

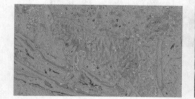

图 11-30　　　　　　　　　　图 11-31　　　　　　　　　　图 11-32

（13）CC Threshold（CC 阈值）：给画面一个阈值，高于阈值的部分为白色，低于阈值的部分为黑色，如图 11-33 所示。

图 11-33

- 【Threshold】：指定阈值。
- 【Channel】：选择通道。
- 【Blend w.Original】：和原始图像的混合程度。

（14）CC Threshold RGB（CC 阈值 RGB）：给画面的 RGB 值一个阈值，高于阈值的部分亮，低于阈值的部分暗，如图 11-34 所示。

图 11-34

- 【Red Threshold】：设置红色通道的阈值。
- 【Green Threshold】：设置绿色通道的阈值。
- 【Blue Threshold】：设置蓝色通道的阈值。
- 【Blend w.Original】：和原始图像的混合程度。

（15）CC Vignette（CC 暗角）：给画面添加一个暗角效果，如图 11-35 所示。

图 11-35

- 【Amount】：设置暗角的范围。
- 【Angle of View】：设置视角的大小。
- 【Center】：设置暗角的中心。

（16）彩色浮雕（Color Emboss）：锐化图像的边缘，使画面有浮雕的效果，如图 11-36 所示。

图 11-36

- 【方向】：高光源发光的方向。
- 【起伏】：浮雕的外观高度，以像素为单位。
- 【对比度】：确定图像的锐度。
- 【与原始图像混合】：效果与原始图像的混合程度。

（17）马赛克（Mosaic）：使用纯色矩形填充图层，以使原始图像像素化，如图 11-37 所示。

图 11-37

- 【水平块／垂直块】：每行和每列中的块数。
- 【锐化颜色】：为每个拼贴提供原始图像相应区域中心的像素颜色；否则，为每个拼贴提供原始图像相应区域的平均颜色。

（18）浮雕（Emboss）：和【彩色浮雕】效果一样，但是会抑制图像的原始颜色，如图 11-38 所示。

（19）色调分离（Posterize）：画面的颜色数量会减少，并且渐变颜色过渡会替换为突变颜色过渡，如图 11-39 所示。

图 11-38

图 11-39

【级别】：每个通道的色调级别的数量，属性值越小，效果越明显。

（20）动态拼贴（Motion Tile）：可以使画面重复并拼贴在一起，如图 11-40 所示。

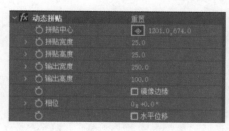

图 11-40

- 【拼贴中心】：拼贴的中心点。
- 【拼贴宽度／高度】：设置拼贴的大小，显示为合成的百分比。
- 【输出宽度／高度】：最终输出画面的尺寸。
- 【镜像边缘】：翻转邻近拼贴，以形成镜像图像。
- 【相位】：拼贴的水平或垂直位移。
- 【水平位移】：选中此复选框后再调整【相位】属性，拼贴水平位移。

（21）发光（Glow）：找到图像的较亮部分，然后使其和周围的像素变亮，以创建漫射的发光光环，如图 11-41 所示。

图 11-41

- 【发光基于】：确定发光是基于颜色通道还是 Alpha 通道。
- 【发光阈值】：设置阈值控制发光范围。较低的百分比会在图像的更多区域产生发光效果；较高的百分比会在图像的更少区域产生发光效果。
- 【发光半径】：发光从画面的明亮区域开始延伸的距离，以像素为单位。较大的值会产生漫射发光；较小的值会产生锐化边缘的发光。
- 【发光强度】：控制发光的亮度。
- 【合成原始项目】：指定发光位于画面的前方还是后方。
- 【发光操作】：发光和画面的混合模式。
- 【发光颜色】：设置发光的颜色，可以选择本身颜色或者创建渐变发光。
- 【颜色循环】：【发光颜色】选择【A 和 B 颜色】选项时起作用。
- 【色彩相位】：在颜色周期中，开始颜色循环的位置。
- 【A 和 B 中点】：用于指定渐变中使用的两种颜色之间的平衡点，数值越小，A 颜色越少，B 颜色越多。
- 【颜色 A/B】：【发光颜色】选择【颜色 A】和【颜色 B】选项时，指定发光的颜色。
- 【发光维度】：指定发光是水平的、垂直的，还是这两者兼有的。

（22）查找边缘（Find Edges）：确定具有大过渡的图像区域，并重点刻画边缘，如图 11-42 所示。

图 11-42

　　【反转】：在找到边缘之后反转图像。如果取消选中此复选框，则边缘为白色背景上的暗线条。如果选中此复选框，则边缘为黑色背景上的亮线条。

　　（23）毛边（Roughen Edges）：可使画面边缘的 Alpha 通道变粗糙，并可增加颜色以模拟铁锈和其他类型的腐蚀，如图 11-43 所示。

图 11-43

- 【边缘类型】：选择边缘粗糙化的类型。
- 【边缘颜色】：当【边缘类型】为【生锈颜色】或【颜色粗糙化】时，指应用到边缘的颜色；当【边缘类型】为【影印颜色】时，指填充的颜色。
- 【边界】：效果从 Alpha 通道的边缘开始，向内部扩展的范围，也就是效果边缘的宽度，以像素为单位。
- 【边缘锐度】：设置边缘的柔和度。
- 【分形影响】：设置粗糙化的数量。
- 【比例】：用于计算粗糙度的分形的比例。
- 【伸缩宽度或高度】：用于计算粗糙度的分形的宽度或高度。
- 【偏移（湍流）】：用于移动粗糙的边缘。
- 【复杂度】：确定粗糙边缘的精细程度。
- 【演化】：使边缘的粗糙度随时间而变化。

（24）纹理化（Texturize）：通过一个纹理图层让画面看起来具有其纹理图层的纹理，如图 11-44 所示。

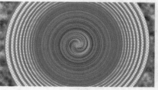

图 11-44

- 【纹理图层】：设置纹理的源。
- 【灯光方向】：光照射纹理的角度。
- 【纹理对比度】：数值越大纹理越明显。

（25）闪光灯（Strobe Light）：此效果使画面随着时间变化产生闪烁，就像闪光灯一样。

2. 过渡

过渡（Transition）也叫转场，是指视频与视频之间的转换与衔接，它可以使视频之间的切换变得流畅自然。

新建项目，导入提供的素材"猫.mp4"，如图 11-45 所示。

图 11-45

（1）渐变擦除（Gradient Wipe）：图层中的像素基于渐变图层中相应像素的明亮度进行擦除，如图 11-46 所示。

图 11-46

- 【过渡完成】：过渡完成的程度。
- 【过渡柔和度】：过渡的柔和程度，数值为 0% 时，画面过渡过程中只有完全不透明和完全透明；数值大于 0% 时，过渡过程中的画面是半透明的。
- 【渐变图层】：设置过渡的渐变图层。

（2）卡片擦除（Card Wipe）：将画面分割成一组卡片，这组卡片先显示一张图片，然后翻转以显示另一张图片，如图 11-47 所示。

图 11-47

- 【过渡宽度】：设置从第一个画面过渡到第二个画面的区域的宽度。

- 【背面图层】：卡片翻转后显示的图层。
- 【行数和列数】：指定行数和列数的相互关系。
- 【行数 / 列数】：设置行和列的数量。
- 【卡片缩放】：设置卡片的大小，数值小于 1 时会按比例缩小卡片，从而显示间隙中的底层图层；数值大于 1 时会按比例放大卡片，从而在卡片相互重叠时创建块状的马赛克效果。
- 【翻转轴】：卡片绕其翻转的轴。
- 【翻转方向】：卡片绕轴翻转的方向。
- 【翻转顺序】：设置过渡的方向，也可以使用【渐变图层】自定义翻转方向。
- 【渐变图层】：用于【翻转顺序】的渐变图层，自定义翻转的方向。
- 【随机时间】：使过渡随机。

（3）CC Glass Wipe（CC 玻璃擦除）：使图层产生类似玻璃的扭曲效果进行擦除的过渡效果，如图 11-48 所示。

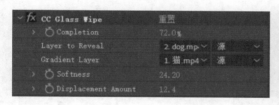

图 11-48

- 【Completion】：过渡完成的程度。
- 【Layer to Reveal】：过渡完成后显示的图层。
- 【Gradient Layer】：过渡纹理所基于的图层。
- 【Softness】：设置过渡的柔和程度。
- 【Displacement Amount】：数值越大，玻璃化越明显。

（4）CC Grid Wipe（CC 网格擦除）：将图层分解成一定数量的网格，以网格的形状进行擦除的过渡效果，如图 11-49 所示。

图 11-49

- 【Rotation】：设置过渡网格的旋转角度。
- 【Border】：设置过渡网格的边界。

- 【Tiles】：设置过渡网格的大小。
- 【Shape】：设置过渡的形状。

（5）CC Image Wipe（CC 图像擦除）：与【渐变擦除】效果基本一样，但是可以指定基于什么通道进行擦除。

（6）CC Jaws（CC 锯齿）：以锯齿形状将图层一分为二的过渡效果，如图 11-50 所示。

图 11-50

- 【Height】：设置锯齿的高度。
- 【Width】：设置锯齿的宽度。
- 【Shape】：设置锯齿的形状。

（7）CC Light Wipe（CC 光线擦除）：以发光效果进行擦除的过渡效果，如图 11-51 所示。

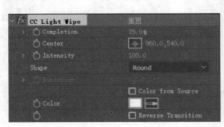

图 11-51

- 【Intensity】：设置发光的强度。
- 【Shape】：设置发光擦除的形状。
- 【Direction】：设置擦除的方向。
- 【Color from Source】：设置发光的颜色来源于源图层。
- 【Color】：设置发光的颜色。

（8）CC Line Sweep（CC 线扫描）：以阶梯的形状线性擦除的过渡效果，如图 11-52 所示。

图 11-52

- 【Thickness】：设置扫描阶梯的高度。
- 【Slant】：设置扫描阶梯倾斜的程度。

（9）CC Radial Scale Wipe（CC 径向缩放擦除）：使图层产生旋转扭曲并缩放的擦除效果，如图 11-53 所示。

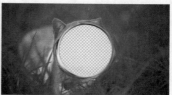

图 11-53

（10）CC Scale Wipe（CC 缩放擦除）：使图层产生拉伸的擦除效果，如图 11-54 所示。

图 11-54

【Stretch】：设置图层的拉伸程度。

（11）CC Twister（CC 扭曲）：使图层产生扭曲的过渡效果，如图 11-55 所示。

图 11-55

- 【Backside】：扭曲过渡完成后显示的图层。
- 【Shading】：设置是否添加阴影效果。

（12）CC WarpoMatic（CC 溶解）：通过图层亮度和对比度等差异而产生不同融合的过渡效果，如图 11-56 所示。

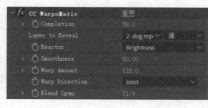

图 11-56

- 【Layer to Reveal】：过渡完成后显示的图层。
- 【Reactor】：选择过渡所基于的形式。
- 【Smoothness】：设置过渡的柔和程度。
- 【Warp Amount】：画面扭曲的程度。
- 【Warp Direction】：设置画面扭曲的形式。
- 【Blend Span】：图层像素混合的程度。

（13）光圈擦除（Iris Wipe）：创建显示底层图层的径向过渡，如图 11-57 所示。

图 11-57

- 【点光圈】：创建光圈所用的点数，数值越大则光圈越圆。
- 【外径】：设置光圈的大小。
- 【使用内径】：选中此复选框后可以同时指定【内径】和【外径】的值。
- 【内径】：如果【外径】和 / 或【内径】设置为 0，则光圈不可见。如果【外径】和【内径】设置为相同的值，则光圈最圆。
- 【羽化】：设置光圈的柔和程度。

（14）块溶解（Block Dissolve）：使图层消失在随机块中，如图 11-58 所示。

图 11-58

- 【块宽度 / 高度】：设置随机块的宽度和高度。
- 【羽化】：设置过渡的柔和度。
- 【柔化边缘】：如果选中此复选框，则块使用子像素精度放置并具有模糊的边缘。

（15）百叶窗（Venetian Blinds）：使用具有指定方向和宽度的条进行擦除的过渡效果，如图 11-59 所示。

（16）径向擦除（Radial Wipe）：以指定点进行环绕擦除的过渡效果，如图 11-60 所示。

（17）线性擦除（Linear Wipe）：按指定方向对图层执行简单的线性擦除，如图 11-61 所示。

图 11-59

图 11-60

图 11-61

11.6　案例——乳状瀑布效果

本案例的最终效果如图 11-62 所示。

图 11-62

操作步骤如下。

（1）新建项目，导入提供的素材"瀑布.mp4"，选取前 15 秒并使用素材创建合成，如图 11-63 所示。

（2）选择图层 #1"瀑布"，执行【效果】-【风格化】-【CC Threshold】命令，调节【Threshold】的属性值，使瀑布变为白色，如图 11-64 所示。

图 11-63

图 11-64

（3）将【项目】面板的素材"瀑布.mp4"重复拖曳至【时间轴】面板，放于底层，并将轨道遮罩选择为【亮度】遮罩"瀑布"，抠出瀑布，如图 11-65 所示。

图 11-65

（4）全选两个图层，按快捷键 Ctrl+Shift+C 预合成，命名为"乳化"，将指针移动到 0 秒处，选择图层 #1"乳化"，使用【钢笔工具】沿瀑布绘制蒙版，将瀑布之外的部分去除，如图 11-66 所示。

图 11-66

（5）展开图层 #1"乳化"的【蒙版】属性，为【蒙版路径】属性创建关键帧动画，使蒙版自始至终都包围瀑布，如图 11-67 所示。

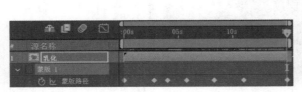 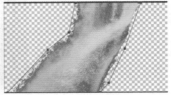

图 11-67

（6）将【项目】面板的素材"瀑布 .mp4"继续重复拖曳至【时间轴】面板，放于底层，如图 11-68 所示。

图 11-68

（7）选择图层 #1"乳化"，执行【效果】-【风格化】-【CC Plastic】命令，调节【Softness】的属性值，使瀑布有乳化效果，如图 11-69 所示。

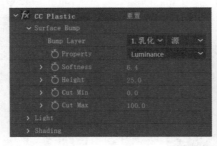 

图 11-69

（8）在【效果控件】面板选择【CC Plastic】效果，按快捷键 Ctrl+D 复制一个效果，使乳化效果更明显，如图 11-70 所示。

图 11-70

（9）乳状瀑布效果制作完成，按空格键播放预览最终效果。

11.7 案例——扁平化转场效果

本案例的最终效果如图 11-71 所示。

图 11-71

操作步骤如下。

（1）新建项目，导入提供的素材"峡谷 .mp4""山丘 .mp4""河流 .mp4""溪水 .mov"，新建合成，命名为"扁平化转场"，宽度为 1920 px，高度为 1080 px，帧速率为 30 帧 / 秒，持续时间为 13 秒，将素材"峡谷 .mp4"拖曳至【时间轴】面板，如图 11-72 所示。

（2）选择图层 #1"峡谷"，执行【效果】-【过渡】-【线性擦除】命令，【擦除角度】属性值改为 0x-225.0°，如图 11-73 所示。

图 11-72

图 11-73

（3）将指针移动到 2 秒 10 帧处，为【过渡完成】属性创建关键帧；指针移动到 2 秒 23 帧处，将【过渡完成】属性值改为 100%，自动创建第二个关键帧，制作画面被线性擦除的效果，如图 11-74 所示。

图 11-74

（4）新建青色纯色层，放于底层，复制图层 #1"峡谷"的【线性擦除】关键帧，指针移动到 2 秒 13 帧处，将关键帧粘贴给图层 #2"青色 纯色 1"，如图 11-75 所示。

（5）将图层 #2"青色 纯色 1"中【线性擦除】效果的【擦除角度】属性值也改为 0x-225°，效果如图 11-76 所示。

图 11-75   图 11-76

（6）新建品蓝色纯色层、橙色纯色层、黄色纯色层，分别放于 3 ~ 5 图层，同样操作将【线性擦除】关键帧粘贴到这三个图层，并使起始关键帧有 3 帧的时间差，如图 11-77 所示。

图 11-77

（7）将素材"山丘 .mp4"拖曳至【时间轴】面板，放于底层，选择图层 #6"山丘"，执行【效果】-【过渡】-【CC Radial ScaleWipe】命令，指针移动到 5 秒 15 帧处，为【Completion】属性创建关键帧；指针移动到 6 秒处，将【Completion】属性值改为 100%，自动创建第二个关键帧，制作径向缩放擦除的动画，如图 11-78 所示。

图 11-78

（8）全选四个纯色层，复制一份，移动到图层 #6 "山丘" 的下方，如图 11-79 所示。

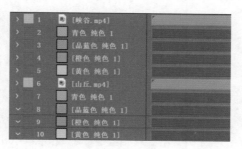

图 11-79

（9）删除图层 #7 ～图层 #10 上的【线性擦除】效果，全选图层 #6 "山丘" 的关键帧，复制粘贴给下方的四个纯色层，同样使起始关键帧有 3 帧的时间差，如图 11-80 所示。

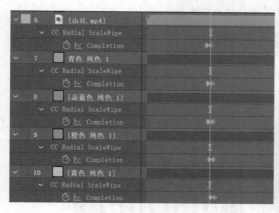

图 11-80

（10）在【项目】面板将素材 "河流 .mp4" 拖曳至【时间轴】面板放于底层，选择图层 #11 "河流"，执行【效果】-【过渡】-【CC Jaws】命令，指针移动到 9 秒 15 帧，为【Completion】属性创建关键帧；指针移动到 10 秒处，将【Completion】属性值改为 100%，自动创建第二个关键帧，制作锯齿擦除的动画，如图 11-81 所示。

（11）同样操作，继续将四个纯色层复制一份，移动到图层 #11 "河流" 下方，删除纯色层上应用的效果，并将图层 #11 "河流" 的关键帧复制粘贴给这四个纯色层，错开一定时间，如图 11-82 所示。

图 11-81　　　　　　　　　　图 11-82

（12）在【项目】面板将素材"溪水 .mov"拖曳至【时间轴】面板放于底层，并将出点设置到合成结尾，扁平化转场效果制作完成，按空格键播放预览查看最终效果。

11.8　常用视频效果（二）

1. 模拟

【模拟（Simulation）】效果主要用于模拟真实的效果，有的效果和源图层有关，图层不同则效果不同；有的效果和源图层无关，图层只相当于一个载体，不同图层的效果都一样。

新建项目，导入提供的素材"松树 .mp4"，使用素材创建合成，如图 11-83 所示。

图 11-83

（1）焦散（Caustics）：模拟焦散，可以创建水面效果，如图 11-84 所示。

  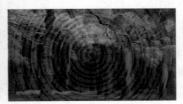

图 11-84

- 【底部】：指定水域底部的图层。
- 【缩放】：放大或缩小底部图层。
- 【重复模式】：底部图层缩放平铺后，设置其平铺的方式。
- 【如果图层大小不同】：指定底部图层小于合成时处理该图层的方式。
- 【模糊】：设置底部图层的模糊程度，水位越深则模糊越明显。
- 【水面】：指定用作水面的图层。使用此图层的明亮度控制生成 3D 水面的高度。
- 【波形高度】：调整波形的相对高度。值越高，波形越陡，表面置换效果越鲜明。较低的值可使焦散表面平滑。
- 【平滑】：通过使水面图层变模糊，指定波形的圆度，过高的值会消除细节。
- 【水深度】：指定水的深度，较浅的水会适度扭曲底部的视图，较深的水会严重扭曲底部的视图。
- 【折射率】：影响光穿过液体时弯曲的程度，默认值为 1.2，可精确模拟水，数值越大则扭曲越大。
- 【表面颜色】：指定水的颜色。
- 【表面不透明度】：控制底部图层通过水可见的程度。
- 【焦散强度】：使水波暗点更暗，亮点更亮。
- 【天空】：指定水面反射的天空层。
- 【强度】：水面的反射强度。
- 【融合】：反射画面与水波的融合程度。

（2）卡片动画（Card Dance）：将图层分解为许多卡片，创建卡片运动的效果，如图 11-85 所示。

（3）CC Ball Action（CC 球形粒子）：使画面球形粒子化，常用来制作画面粒子消散或合成的动画，如图 11-86 所示。

图 11-85

图 11-86

- 【Scatter】：粒子分散的程度。
- 【Rotation Axis】：设置画面的旋转轴。
- 【Rotation】：设置围绕旋转轴旋转的角度。
- 【Twist Property】：设置画面扭曲的方式。
- 【Twist Angle】：设置画面扭曲的角度。
- 【Grid Spacing】：用于放大或缩小粒子画面。

- 【Ball Size】：设置粒子的大小。

（4）CC Bubbles（CC 气泡）：模拟气泡效果，气泡的颜色和源图层有关，如图 11-87 所示。

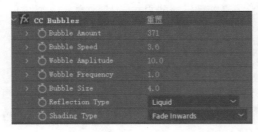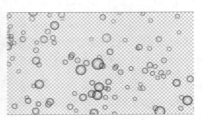

图 11-87

- 【Bubble Amount】：设置气泡的数量。
- 【Bubble Speed】：设置气泡的速度。
- 【Wobble Amplitude】：设置气泡的摆动幅度。
- 【Wobble Frequency】：设置气泡的抖动频率。
- 【Bubble Size】：设置气泡的大小。

（5）CC Drizzle（CC 细雨）：模拟雨滴落入水中的波纹效果，如图 11-88 所示。

（6）CC Hair（CC 毛发）：使用毛发显示画面的轮廓，如图 11-89 所示。

图 11-88   图 11-89

（7）CC Mr.Mercury（CC 水银流动）：模拟水银滴落流动的效果，如图 11-90 所示。

（8）CC Particle Systems Ⅱ（CC 粒子仿真系统Ⅱ）：可以制作一些简单的粒子特效，此效果与源图层内容没有关系，初始粒子如图 11-91 所示。

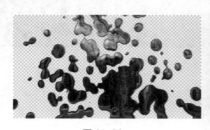

图 11-90   图 11-91

（9）CC Particle World（CC 粒子世界）：可以模拟烟花、火焰等非常多的效果，此效果与源图层内容没有关系，初始粒子如图 11-92 所示。

（10）CC Pixel Polly（CC 破碎）：使画面呈三角形或方形破碎，如图 11-93 所示。

图 11-92   图 11-93

（11）CC Rainfall（CC 下雨）：模拟下雨的效果，如图 11-94 所示。

图 11-94

- 【Drops】：设置雨水的密度。
- 【Size】：设置雨滴的大小。
- 【Speed】：设置雨水的速度。
- 【Wind】：设置风力的大小。
- 【Variation%(Wind)】：风的紊乱程度。
- 【Color】：设置雨水的颜色。

（12）CC Scatterize（CC 发散粒子）：使画面粒子化发散，常用来模拟吹散效果，如图 11-95 所示。

（13）CC Snowfall（CC 下雪）：模拟下雪的效果，如图 11-96 所示。

图 11-95   图 11-96

【Flakes】：设置雪的密度。

（14）CC Star Burst（CC 星爆）：模拟星空中星球飞行的效果。

（15）泡沫（Foam）：生成流动、黏附和弹出的气泡，如图 11-97 所示。

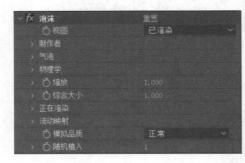

图 11-97

- 【视图】：选择气泡的显示方式。
- 【制作者】：指定气泡产生的位置，以及气泡的生成速度。
- 【气泡】：设置气泡的大小、寿命、速度和强度。
- 【物理学】：用于设置力场和黏度，指定气泡的运动和特性。
- 【缩放】：在气泡范围中心周围放大或缩小，设置气泡的大小。
- 【综合大小】：设置气泡范围的边界。在气泡完全离开气泡范围时，它们会弹出，并永久消失。
- 【正在渲染】：用于指定气泡的外观，包括其纹理和反射。

（16）波形环境（Wave World）：此效果可创建灰度置换图，以便用于其他效果，如焦散或色光效果，如图 11-98 所示。

（17）碎片（Shatter）：使图层产生爆炸破碎的效果，如图 11-99 所示。

图 11-98

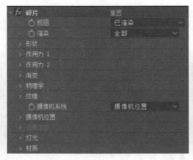

图 11-99

- 【视图】：选择碎片的显示方式。
- 【渲染】：用于选择独立渲染整个场景、非碎片图层或碎块。
- 【形状】：指定碎块的形状和外观。
- 【作用力】：使用作用力来定义爆炸的区域。
- 【渐变】：指定渐变图层，用于控制爆炸的时间以及爆炸影响的碎块。

- 【物理学】：指定碎块在整个空间中移动和落下的方式。
- 【纹理】：用于指定碎块的纹理。

（18）粒子运动场（Particle Playground）：可以独立为大量相似的对象设置动画。

2．生成

在图层上应用【生成（Generate）】效果，有的源图层会消失而生成新的效果，有的在源图层形状基础上生成新的效果。

新建项目，导入提供的素材"夜塔.mp4"，使用素材创建合成如图 11-100 所示。

（1）分形（Fractal）：可渲染曼德布罗特集合或朱莉娅集合，从而创建多彩的纹理，如图 11-101 所示。

图 11-100

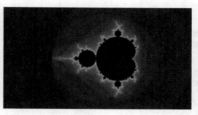

图 11-101

（2）圆形（Circle）：创建可自定义的实心圆盘或圆环，可以选择是否和源图层以混合模式叠加，如图 11-102 所示。

图 11-102

（3）椭圆（Ellipse）：创建自定义的椭圆，可以选择是否在源图层上合成，如图 11-103 所示。

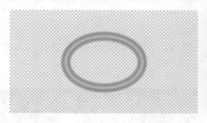

图 11-103

（4）镜头光晕（Lens Flare）：模拟将明亮的灯光照射到摄像机镜头所致的折射光线，如图 11-104 所示。

（5）CC Glue Gun（CC 喷胶器）：模拟胶水喷射的效果，需要对【Brush Position】属性创建关键帧动画，如图 11-105 所示。

图 11-104

图 11-105

（6）CC Light Burst 2.5（CC 光线爆裂 2.5）：可生成光线爆裂的极具冲击力的视觉效果，如图 11-106 所示。

（7）CC Light Rays（CC 光芒放射）：生成发射光线的光源，光线的颜色与光源在画面上位置的颜色有关，如图 11-107 所示。

图 11-106

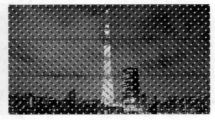
图 11-107

（8）CC Light Sweep（CC 扫光）：以画面的某一点为锚点，产生光束扫光的效果，如图 11-108 所示。

（9）CC Threads（线状穿梭）：使画面产生线状编织纹理的效果，如图 11-109 所示。

图 11-108

图 11-109

（10）光束（Beam）：模拟光束的移动，可以制作光束发射效果，也可以创建带有固定起始点或结束点的棍状光束效果，如图 11-110 所示。

图 11-110

（11）填充（Fill）：可使用指定的颜色填充图层或者指定的蒙版。

（12）网格（Grid）：创建可自定义的网格。可以选择是否和源图层以混合模式叠加，如图 11-111 所示。

（13）单元格图案（Cell Pattern）：根据单元格杂色生成单元格图案。使用它可创建静态或移动的背景纹理和图案，可用作纹理的遮罩、过渡图或置换图的源图，如图 11-112 所示。

图 11-111

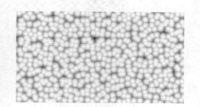
图 11-112

（14）四色渐变（4-Color Gradient）：产生四色渐变结果。渐变效果由混合在一起的四个纯色圆形组成，每个圆形均使用一个效果点作为中心，可以选择是否和源图层以混合模式叠加，如图 11-113 所示。

图 11-113

（15）描边（Stroke）：在一个或多个蒙版定义的路径周围创建描边或边界，常用于制作生长动画。

（16）无线电波（Radio Waves）：从【产生点】创建向外扩散的辐射波，如图 11-114 所示。

（17）梯度渐变（Gradient Ramp）：将图层填充为指定的两色渐变，可以与源图层进行混合，如图 11-115 所示。

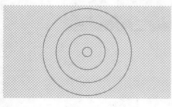
图 11-114

图 11-115

（18）棋盘（Checkerboard）：创建矩形的类似国际象棋棋盘的图案，其中一半是透明的，可以选择是否和源图层以混合模式叠加，如图 11-116 所示。

图 11-116

（19）油漆桶（Paint Bucket）：使用纯色填充区域，与 Adobe Photoshop 的油漆桶工具类似，可用于为卡通型轮廓的绘图着色，或替换图像中的颜色区域。

（20）涂写（Scribble）：为画面中蒙版区域内填充类似笔刷涂写的效果，如图 11-117 所示。

（21）音频波形（Audio Waveform）：将音频波形效果应用到视频图层，以显示包含音频的图层的音频波形，如图 11-118 所示。

图 11-117　　　　　　　　　　　　　　　图 11-118

（22）音频频谱（Audio Spectrum）：将音频频谱效果应用到视频图层，以显示包含音频的图层的音频频谱，如图 11-119 所示。

（23）高级闪电（Advanced Lightning）：模拟闪电的效果，如图 11-120 所示。

图 11-119　　　　　　　　　　　　　　　图 11-120

11.9　案例——音频可视化效果

本案例最终效果如图 11-121 所示。

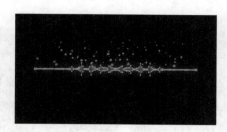

图 11-121

操作步骤如下。

（1）新建项目，新建合成，命名为"音频可视化"，宽度为 1920 px，高度为 1080 px，帧速率为 30 帧 / 秒，新建黑色纯色层，重命名为"频谱"。

（2）选择图层 #1"频谱"，添加【音频频谱】效果，导入提供的素材"bensound-perception.mp3"，拖曳至【时间轴】面板，如图 11-122 所示。

图 11-122

（3）将【音频频谱】效果的【音频层】选择为【2.bensound-perception.mp3】，【监视器】窗口便会出现频谱，如图 11-123 所示。

图 11-123

（4）调节参数如图 11-124 所示，增大频谱的高度，将颜色改为白色。

图 11-124

（5）选择图层 #1"频谱"，按快捷键 Ctrl+D 复制一层，命名为"频谱 2"，将其【音频频谱】效果的【显示选项】改为【模拟频点】，并将【厚度】属性值改为 10.00，增大点的半径，如图 11-125 所示。

图 11-125

（6）将图层 #1 "频谱 2" 和图层 #2 "频谱" 的【音频频谱】的【结束点】属性值都改为 960.0,540.0，使频谱更紧密，如图 11-126 所示。

图 11-126

（7）选择图层 #1 "频谱 2" 和图层 #2 "频谱" 进行预合成，命名为 "左频谱"；选择图层 #1 "左频谱"，按快捷键 Ctrl+D 复制一层，命名为 "右频谱"。选择图层 #1 "右频谱" 后执行【图层】-【变换】-【水平翻转】命令，如图 11-127 所示。

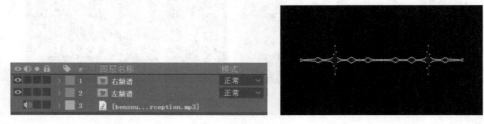

图 11-127

（8）选择图层 #1 "右频谱" 和图层 #2 "左频谱" 进行预合成，命名为 "总频谱"，新建调整图层，选择图层 #1 "调整图层 1" 添加【梯度渐变】效果，如图 11-128 所示。

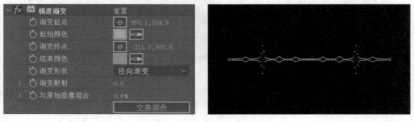

图 11-128

（9）继续为图层 #1 "调整图层 1" 添加【发光】效果，如图 11-129 所示。

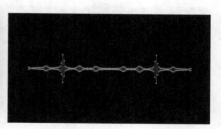

图 11-129

（10）在【效果控件】面板选择【发光】效果，按快捷键 Ctrl+D 复制一层，调节参数，制作光晕效果，如图 11-130 所示。

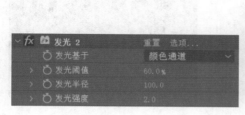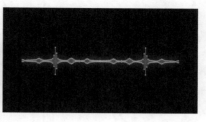

图 11-130

（11）新建纯色层，命名为 "粒子"，放于调整图层下面，选择图层 #2 "粒子"，添加【CC Particle World】效果，如图 11-131 所示。

（12）调节【Birth Rate】的属性值为 0.1，降低粒子的数量，将【Longevity】的属性值改为 8.00，使粒子刚出现时透明度降低，如图 11-132 所示。

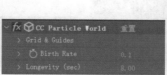

图 11-131

图 11-132

（13）将【Physics】下的【Animation】选择为【Cone Axis】，调整为锥形发射，并将【Velocity】（速度）调整为 0.05，【Gravity】（重力）调整为 0.000，如图 11-133 所示。

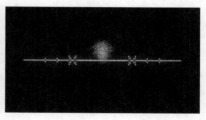

图 11-133

（14）调节粒子发射器的尺寸，使粒子在 X 方向和频谱长度一样，如图 11-134 所示。

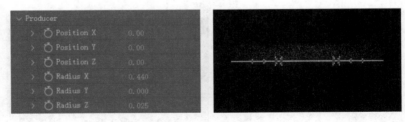

图 11-134

（15）使用【星形工具】绘制一个星形，创建形状图层，并将其预合成，命名为"星形"，如图 11-135 所示。

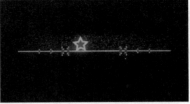

图 11-135

（16）将【Particle Type】（粒子类型）选择为【Textured QuadPolygon】（自定义纹理）；将【Texture Layer】选择为【3. 星形】，调节旋转的速度、轴向和粒子的大小，隐藏图层 #3"星形"，如图 11-136 所示。

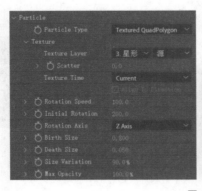
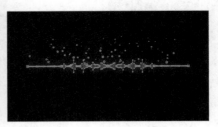

图 11-136

（17）音频可视化效果制作完成，按空格键播放预览最终效果。

11.10　案例——烟花效果

本案例效果如图 11-137 所示。

图 11-137

操作步骤如下。

（1）新建项目，新建合成，命名为"烟花"，宽度为 1920 px，高度为 1080 px，新建纯色层，添加【CC Particle World】效果，如图 11-138 所示。

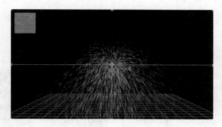

图 11-138

（2）指针移动到 1 帧处，将【Birth Rate】的属性值改为 15，创建关键帧；指针移动到 2 帧处，将【Birth Rate】的属性值改为 0.0，制作粒子中心爆炸的效果，如图 11-139 所示。

图 11-139

（3）将【Physics】下的【Gravity】属性值改为 0.000，使粒子不受重力影响，不再下落，如图 11-140 所示。

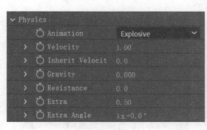

图 11-140

（4）将【Resistance】属性值改为 5.0，增大阻力，使粒子扩散得小一些，并将【Longevity】的属性值改为 4.00，增加粒子的生命长度，如图 11-141 所示。

图 11-141

（5）再次新建纯色层，将图层 #2"黑色 纯色 1"的【CC Particle World】效果复制粘贴给图层 #1"黑色 纯色 2"，将【Particle】下的【Particle Type】选择为【Star】，【Birth Size】的属性值改为 0.030，【Death Size】的属性值改为 0.050，增加烟花的层次，如图 11-142 所示。

图 11-142

（6）将其【Longevity】的属性值改为 5.00，增加星星的生命长度。将指针移动到 1 秒处，为图层 #1"黑色 纯色 2"的【不透明度】属性创建关键帧；指针移动到 4 秒处，将【不透明度】属性值改为 0%，制作星形渐隐的动画，如图 11-143 所示。

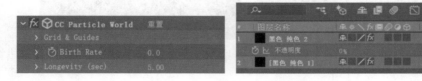

图 11-143

（7）选择两个纯色层进行预合成，命名为"烟花 1"，为其添加【发光】效果，使烟花更亮，如图 11-144 所示。

图 11-144

（8）将图层 #1 "烟花 1" 复制 4 层，分别命名为 "烟花 2" ～ "烟花 5"，并分别调整【缩放】和【位置】属性，将烟花炸开的时间在时间线上错开，如图 11-145 所示。

图 11-145

（9）为每个图层添加【色相 / 饱和度】效果，改变烟花的颜色，如图 11-146 所示。

图 11-146

（10）烟花效果制作完成，按空格键播放预览最终效果。

11.11 常用视频效果（三）

1. 模糊和锐化

【模糊和锐化（Blur & Sharpen）】效果用于使画面模糊或者锐化，模糊效果的使用频率很高，最常见的就是模糊底层画面提升空间感，使画面更立体。

新建项目，导入提供的素材 "看书 .mp4"，使用素材创建合成，如图 11-147 所示。

图 11-147

（1）复合模糊（Compound Blur）：根据模糊图层的明亮度值使效果图层中的像素变模糊。默认情况下，模糊图层中明亮的值相当于增强效果图层的模糊度，而黑暗的值相当于减弱模糊度，可用于模拟污点、指纹等，如图 11-148 所示。

图 11-148

- 【模糊图层】：根据选择的图层的明亮度使效果图层中的像素变模糊。
- 【最大模糊】：调节模糊的最大程度，以像素为单位。

（2）通道模糊（Channel Blur）：可分别使图层的红色、绿色、蓝色或 Alpha 通道变模糊，如图 11-149 所示。

图 11-149

（3）CC Cross Blur（CC 交叉模糊）：使画面的水平和垂直方向模糊，如图 11-150 所示。

图 11-150

- 【Radius X】：设置水平方向的模糊度。
- 【Radius Y】：设置垂直方向的模糊度。
- 【Transfer Mode】：设置模糊的混合模式。

（4）CC Radial Blur（CC 径向模糊）：围绕一个点对图层进行缩放或旋转模糊处理，如图 11-151 所示。

图 11-151

- 【Type】：选择模糊的方式，是旋转模糊还是缩放模糊。
- 【Amount】：设置模糊的程度。

- 【Quality】：设置模糊的质量。
- 【Center】：设置模糊的中心点。

（5）CC Radial Fast Blur（CC 径向快速模糊）：使画面生成放射状模糊，处理速度快，如图 11-152 所示。

图 11-152

（6）CC Vector Blur（CC 矢量模糊）：通道矢量模糊。根据图层的纹理进行模糊，可以添加矢量贴图或者选择不同的通道改变模糊效果，如图 11-153 所示。

图 11-153

- 【Type】：选择模糊的方式。
- 【Amount】：设置模糊的程度。
- 【Angle Offset】：设置模糊的角度偏移。
- 【Ridge Smoothness】：设置模糊的柔和程度。
- 【Vector Map】：选择图层后会基于次图层的纹理进行模糊。
- 【Property】：选择模糊的通道。
- 【Map Softness】：调节贴图的柔和度。

（7）摄像机镜头模糊（Camera Lens Blur）：通过一个图层的亮度和 RGB、Alpha 通道使画面模拟摄像机镜头模糊的效果。

（8）摄像机抖动去模糊（Camera-shake Deblur）：可以恢复摄像机抖动造成的素材模糊。此属性是使用光流技术来混合清晰帧与模糊帧。

（9）智能模糊（Smart Blur）：使画面变模糊的同时保留画面中的边缘，如图 11-154 所示。

图 11-154

- 【半径】：设置模糊的半径。
- 【阈值】：设置模糊的阈值。
- 【模式】：选择模糊的方式，是模糊画面还是边缘。

（10）双向模糊（Bilateral Blur）：选择性地使图像变模糊，从而保留边缘和其他细节。与【智能模糊】效果相比，【双向模糊】实现的效果更柔软、更梦幻，如图 11-155 所示。

图 11-155

（11）定向模糊（Directional Blur）：可以使画面沿各个方向模糊，模拟运动模糊，让画面看起来更有动感。

（12）径向模糊（Radial Blur）：围绕某点创建模糊效果，从而模拟推拉或旋转摄像机的效果，如图 11-156 所示。

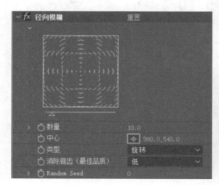

图 11-156

- 【数量】：设置模糊的程度。
- 【类型】：选择模糊的种类。

（13）快速方框模糊（Fast Box Blur）：After Effects 早期版本中【快速模糊】效果的升级版，渲染速度更快，如图 11-157 所示。

图 11-157

- 【模糊半径】：设置模糊的半径大小，数值越大则越模糊。
- 【迭代】：重复模糊的次数。
- 【重复边缘像素】：选中此复选框后可修补边缘因模糊而丢失的像素。

（14）钝化蒙版（Unsharp Mask）：增强定义边缘的颜色之间的对比度，如图 11-158 所示。

图 11-158

- 【数量】：数值越大，对比度越强。
- 【半径】：如果指定低值，则仅优化边缘附近的像素。
- 【阈值】：未调整对比度的邻近像素之间的最大差值。过低的值会导致调整整个图像的对比度，并会生成杂色。

（15）高斯模糊（Gaussian Blur）：使图像变模糊，柔化图像并消除杂色。图层的品质设置不会影响高斯模糊效果，如图 11-159 所示。

（16）锐化（Sharpen）：增强画面中颜色发生变化部位的对比度，如图 11-160 所示。

图 11-159　　　　　　　　　　图 11-160

2. 扭曲

【扭曲（Distort）】效果主要用于使画面扭曲变形，调整对象的形状。

新建项目，导入提供的素材"鹦鹉 .mp4"，使用素材创建合成，如图 11-161 所示。

（1）球面化（Spherize）：通过将图像区域绕到球面上来扭曲图层，如图 11-162 所示。

图 11-161　　　　　　　　　　图 11-162

（2）漩涡条纹（Smear）：在图像内使用蒙版定义区域，并使用它对图像周围部分进行漩涡扭曲，如图 11-163 所示。

图 11-163

（3）改变形状（Reshape）：在画面内创建源蒙版、目标蒙版和边界蒙版来定义要扭曲的区域，通过调节蒙版可以调整蒙版内的形状，边界蒙版外的部分形状不变，如图 11-164 所示。

图 11-164

（4）镜像（Mirror）：沿对称轴拆分图像，并将一侧反射到另一侧，如图 11-165 所示。

（5）CC 区域弯曲（CC Bend It）：确定画面的一个区域，并且对这个区域进行弯曲，如图 11-166 所示。

图 11-165　　　　　　　　　　图 11-166

（6）CC 弯曲（CC Bender）：对整个图层进行弯曲，如图 11-167 所示。

（7）CC 融化（CC Blobbylize）：用来制作溶解图层的效果，如图 11-168 所示。

图 11-167　　　　　　　　　　图 11-168

（8）CC 液化流动（CC Flo Motion）：在画面上确定两个点，使两点处像流体一样凹进去或凸出来，如图 11-169 所示。

（9）CC 网格变形（CC Griddler）：可以将画面分割成若干个网格或方形碎片并进行变形，如图 11-170 所示。

图 11-169　　　　　　　　　　　图 11-170

（10）CC 镜头（CC Lens）：使画面变为类似镜头的圆形，如图 11-171 所示。

（11）CC 翻页（CC Page Turn）：模拟纸张翻页的效果，如图 11-172 所示。

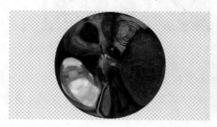

图 11-171　　　　　　　　　　　图 11-172

（12）CC 四角收缩（CC Power Pin）：调节图层的四个顶点的位置对其进行缩放和定位。

（13）CC 波纹扩散（CC Ripple Pulse）：制作波纹扩散的效果，必须为【Pulse Level(Animate)】属性创建关键帧才起作用，如图 11-173 所示。

（14）CC 倾斜（CC Slant）：使画面有平行斜切的效果，如图 11-174 所示。

图 11-173　　　　　　　　　　　图 11-174

（15）CC 涂抹（CC Smear）：在画面上指定两个点，并在两个点之间进行画面的涂抹，如图 11-175 所示。

（16）CC 分裂（CC Split）：在画面上指定两个点，并在两个点之间撕裂画面，如图 11-176 所示。

图 11-175　　　　　　　　　　　　图 11-176

（17）CC 分裂 2（CC Split2）：在画面上指定两个点，并在两个点之间生成不对称的撕裂效果。

（18）CC 拼贴（CC Tiler）：可以使画面重复并拼贴在一起，如图 11-177 所示。

（19）湍流置换（Turbulent Displace）：使用分形杂色在图像中创建湍流扭曲效果，如图 11-178 所示。

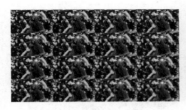

图 11-177　　　　　　　　　　　　图 11-178

（20）置换图（Displacement Map）：根据【置换图层】选择的通道，水平和垂直置换像素。置换图效果创建的扭曲类型可能有很大不同，具体取决于置换图层的内容以及选择的通道，如图 11-179 所示。

图 11-179

（21）偏移（Offset）：可在图层内平移图像，图层内容首尾相接填补空白位置。常用于创建循环背景，如图 11-180 所示。

（22）保留细节放大（Detail-preserving Upscale）：放大图层的同时保留边缘的锐度。

（23）变形（Warp）：可使图层扭曲或变形。变形效果与 Adobe Illustrator 的变形效果和 Adobe Photoshop 的变形文本效果差不多，如图 11-181 所示。

图 11-180　　　　　　　　　　　　图 11-181

（24）旋转扭曲（Twirl）：围绕一个点对画面进行旋转扭曲，如图 11-182 所示。

（25）波形变形（Wave Warp）：产生波形在图像上移动的效果。可以生成各种不同的波形形状，包括正方形、圆形和正弦波形等，如图 11-183 所示。

图 11-182　　　　　　　　　　　图 11-183

（26）波纹（Ripple）：在指定图层中创建波纹效果，如图 11-184 所示。

（27）边角定位（Corner Pin）：通过重新定位图层的四个顶点的位置来扭曲图像。此效果可用于伸展、收缩、倾斜或扭转图像。

（28）贝塞尔曲线变形（Bezier Warp）：沿图层边界，使用封闭的贝塞尔曲线调节图层的形状，如图 11-185 所示。

图 11-184　　　　　　　　　　　图 11-185

（29）放大（Magnify）：扩大图层的全部或部分区域，就像在图像区域上使用放大镜一样，如图 11-186 所示。

（30）网格变形（Mesh Warp）：在图层上应用贝塞尔补丁的网格来扭曲图像区域，如图 11-187 所示。

图 11-186　　　　　　　　　　　图 11-187

（31）凸出（Bulge）：围绕指定点扭曲图像，使图像朝观众方向或远离观众的方向凸出，具体取决于选择的选项，如图 11-188 所示。

（32）液化（Liquify）：可以推动、拖拉、旋转、扩大和收缩图层中的区域，和 Photoshop 的液化工具效果类似，如图 11-189 所示。

图 11-188

图 11-189

（33）极坐标（Polar Coordinates）：用于扭曲图层，具体方法是将图层 (x,y) 坐标系中的每个像素调换到极坐标中的相应位置，如图 11-190 所示。

图 11-190

11.12　案例——文字水面倒影效果

本案例效果如图 11-191 所示。

图 11-191

操作步骤如下。

（1）新建项目，导入提供的素材"海面 .mp4"，使用素材创建合成，如图 11-192 所示。

图 11-192

（2）新建文本层"水天一色"，并将文本层复制一层，命名为"倒影"，开启图层 #2"倒影"的 3D 开关，调节【位置】和【旋转】的属性值，如图 11-193 所示。

图 11-193

（3）指针移动到 2 秒处，为文本和倒影的【位置】属性创建关键帧；指针移动到 0 秒处，将文本向下移动，倒影向上移动，自动创建关键帧，如图 11-194 所示。

图 11-194

（4）对图层 #1"水天一色"和图层 #2"倒影"分别进行预合成，然后都绘制蒙版，使文本和倒影从水面交接处生长出现，如图 11-195 所示。

图 11-195

（5）选择图层 #2"倒影 合成 1"，添加【置换图】效果，将【置换图层】选择为【3.海面】，调节【最大水平置换】和【最大垂直置换】的属性值，使倒影有随波纹起伏的效果，如图 11-196 所示。

图 11-196

（6）继续为图层 #2"倒影 合成 1"添加【湍流置换】效果，调节【数量】和【大小】的属性值。指针移动到 0 秒处，为【演化】属性创建关键帧；指针移动到合成最后一帧，将【演化】属性值改为 3x+0.0°，使倒影波动效果更明显，如图 11-197 所示。

图 11-197

（7）将图层 #2 "倒影 合成 1" 的图层混合模式改为【叠加】，使倒影看起来自然一些，如图 11-198 所示。

图 11-198

（8）为图层 #2 "倒影 合成 1" 添加【填充】效果，改变颜色，使倒影更加自然，如图 11-199 所示。

图 11-199

（9）选择图层 #2 "倒影 合成 1"，再次绘制一个蒙版，蒙版模式选择为【交集】，增大【蒙版羽化】的属性值，使倒影有越靠近屏幕越淡化的效果，如图 11-200 所示。

图 11-200

（10）文字水面倒影效果制作完成，按空格键播放预览最终效果。

11.13　案例——玻璃折射效果

本案例效果如图 11-201 所示。

图 11-201

操作步骤如下。

（1）新建项目，导入提供的素材"婚礼 .mp4"，使用素材创建合成，如图 11-202 所示。

（2）使用【矩形工具】绘制白色矩形，位于画面中心，如图 11-203 所示。

（3）为图层 #1"形状图层 1"添加【放大】效果，【形状】属性选择【正方形】，【放大率】属性值设置为 110.0，【大小】属性值设置为合成的宽度 1080.0，如图 11-204 所示。

图 11-202

图 11-203

图 11-204

（4）继续为图层 #1"形状图层 1"添加【快速方框模糊】效果，【模糊半径】属性值设置为 5.0，如图 11-205 所示。

图 11-205

（5）选择图层 #1"形状图层 1"，按快捷键 Ctrl+D 复制一层，命名为"放大"，将图层 #1

"放大"的【快速方框模糊】的【模糊半径】属性值改为 3.0，并开启【调整图层】开关，将图层 #2 "形状图层 1"的【不透明度】属性值改为 5%，透过玻璃的折射效果已经基本出现，如图 11-206 所示。

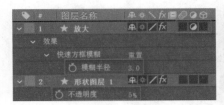 

图 11-206

（6）选择图层 #1 "放大"，按快捷键 Ctrl+D 复制一层，命名为"边"，将图层 #1 "边"的【缩放】属性值改为 100.0,6.0%，将其移动到玻璃效果的下边缘，制作一个玻璃硬边，如图 11-207 所示。

图 11-207

（7）选择图层 #1 "边"，复制一层，移动到玻璃的上边缘，如图 11-208 所示。

（8）全选图层 #1 ～图层 #4 进行预合成，命名为"玻璃"，开启图层的【折叠变换】开关，保证合成里的效果能被计算，如图 11-209 所示。

图 11-208   图 11-209

（9）将图层 #1 "玻璃"的【旋转】属性值改为 0x+45.0°，并将其复制一层，更改宽度和位置，如图 11-210 所示。

图 11-210

（10）将图层 #2 命名为"玻璃 2"，并作为图层 #1 "玻璃"的子级，指针移动到 0 秒处，将"玻璃"向画面左下角移动直至两个玻璃全部出画，并为【位置】属性创建关键帧，如图 11-211 所示。

图 11-211

（11）指针移动到 2 秒处，将图层 #1 "玻璃"向右上角移动至如图 11-212 所示位置，制作玻璃扫过画面的动画。

（12）同理，继续复制两层玻璃，制作从 0 秒到 2 秒玻璃从右上角向左下角扫过的动画，玻璃的宽度可以任意设置，如图 11-213 所示。

图 11-212　　　　　　　　　　　图 11-213

（13）将【位置】属性关键帧都设置为缓动关键帧，玻璃折射效果制作完成，按空格键播放预览最终效果。

11.14　常用视频效果（四）

1. 透视

【透视（Perspective）】效果多用于增加画面的立体效果或者使画面产生三维化的效果。
新建项目，导入提供的素材"下雨 .mp4"，使用素材创建合成，如图 11-214 所示。
（1）CC 圆柱体（CC Cylinder）：使画面卷成一个空心圆柱，如图 11-215 所示。

图 11-214　　　　　　　　　　　图 11-215

（2）CC 球体（CC Sphere）：使画面球体化，如图 11-216 所示。
（3）CC 聚光灯（CC Spotlight）：模拟聚光灯照射到画面上的效果，如图 11-217 所示。

图 11-216　　　　　　　　　　　　图 11-217

（4）径向阴影（Radial Shadow）：根据点光源而非无限光源创建阴影，如图 11-218 所示。

（5）投影（Drop Shadow）：添加显示在图层后面的阴影。图层的 Alpha 通道确定阴影的形状，如图 11-219 所示。

（6）斜面 Alpha（Bevel Alpha）：为图像的 Alpha 边界增添凿刻、明亮的外观，使其看起来更立体，如图 11-220 所示。

图 11-218　　　　　　　　　　图 11-219　　　　　　　　　　图 11-220

 注意

为凸显效果，【径向阴影】【投影】【斜面 Alpha】3 个属性使用其他素材展示。

（7）边缘斜面（Bevel Edges）：为图像的边缘增添凿刻、明亮的 3D 外观。与【斜面 Alpha】效果不同，使用此效果创建的边缘始终是矩形，因此具有非矩形 Alpha 通道的图像不能产生适当的外观，如图 11-221 所示。

图 11-221

2．杂色和颗粒

【杂色和颗粒（Noise & Grain）】效果用于为画面添加或者去除杂色和颗粒效果。

新建项目，导入提供的素材"男女 .mp4"，使用素材创建合成，如图 11-222 所示。

（1）分形杂色（Fractal Noise）：创建用于自然景观背景、置换图和纹理的灰度杂色，或模拟云、火、熔岩、蒸汽、流水等事物，如图 11-223 所示。

图 11-222

图 11-223

（2）中间值（Median）：将画面的像素替换为像素的平均值，当【半径】属性值较小时可以去除画面中的某些杂色，当【半径】属性值较大时会产生油画般的效果，如图 11-224 所示。

（3）杂色（Noise）：随机更改整个图像中的像素值，为画面添加杂点，如图 11-225 所示。

图 11-224

图 11-225

（4）杂色 Alpha（Noise Alpha）：将杂色颗粒添加到 Alpha 通道。

（5）杂色 HLS（Noise HLS）：将杂色分别添加到图像的色相、亮度和饱和度上。

（6）杂色 HLS 自动（Noise HLS Auto）：将杂色分别添加到图像的色相、亮度和饱和度上，不同于【杂色 HLS】效果的是，【杂色 HLS 自动】效果会自动为杂色颗粒添加动画。

（7）湍流杂色（Turbulent Noise）：是【分形杂色】效果的高性能版，需要的渲染时间较短，且更易用于创建平滑动画，但是不适合创建循环动画。

（8）添加颗粒（Add Grain）：生成新杂色，但不能从现有杂色中采样，如图 11-226 所示。

（9）移除颗粒（Remove Grain）：移除颗粒或可见杂色，可将精细的图像细节与颗粒和杂色区分开，并尽可能多地保留图像细节，如图 11-227 所示。

（10）蒙尘与划痕（Dust & Scratches）：将位于指定半径之内的不同像素更改为更类似邻近的像素，从而减少杂色和瑕疵，如图 11-228 所示。

图 11-226

图 11-227

图 11-228

11.15　案例——三维扭曲文本

本案例效果如图 11-229 所示。

图 11-229

操作步骤如下。

（1）新建项目，新建合成，命名为"三维扭曲文本"，宽度为 1920 px，高度为 1080 px，帧速率为 30 帧 / 秒。

（2）使用【矩形工具】绘制一个黑色的矩形条，如图 11-230 所示。

（3）选择图层 #1"形状图层 1"进行预合成，命名为"圆环"，选择图层 #1"圆环"，添加【CC Sphere】效果，调节【Rotation】和【Radius】的属性值，如图 11-231 所示。

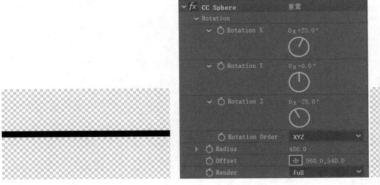

图 11-230　　　　　　　　　　　　　　　　　　图 11-231

（4）新建纯色层，重命名为"底色"，放于底层，选择图层 #2"底色"，添加【四色渐变】效果，如图 11-232 所示。

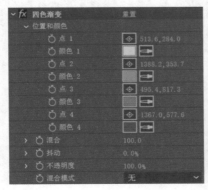

图 11-232

（5）将图层 #2 "底色" 的轨道遮罩选择为【Alpha 遮罩 "圆环"】，使圆环显示四色渐变，如图 11-233 所示。

图 11-233

（6）双击图层 #1 "圆环" 进入合成内部，选择图层 #1 "形状图层 1"，按快捷键 Ctrl+C 复制，回到总合成后按快捷键 Ctrl+V 粘贴，选择图层 #1 "形状图层 1" 进行预合成，命名为 "文本"，如图 11-234 所示。

图 11-234

（7）双击图层 #1 "文本" 进入预合成内部，新建文本层 "After Effects"，并复制 5 层，选择所有文本层进行预合成，命名为 "AE"，如图 11-235 所示。

图 11-235

（8）隐藏图层 #2 "形状图层 1"，选择图层 #1 "AE" 添加【填充】效果，将文本填充为黑色，如图 11-236 所示。

图 11-236

（9）继续为图层 #1 "AE"添加【动态拼贴】效果。指针移动到 0 秒处，为【拼贴中心】属性创建关键帧；指针移动到 10 秒处，将【拼贴中心】属性值改为 3240.0,540.0，自动创建第二个关键帧，使文本实现水平循环移动的动画效果，如图 11-237 所示。

（10）回到总合成，将图层 #2 "圆环"的【CC Sphere】效果复制粘贴给图层 #1 "文本"，如图 11-238 所示。

图 11-237

图 11-238

（11）全选所有图层并预合成，命名为"扭曲文本"，开启 3D 开关，复制两层，调节【位置】的属性值使三个圆环上下错开，如图 11-239 所示。

图 11-239

（12）新建调整图层，为其添加【发光】效果，使扭曲文本发光，如图 11-240 所示。

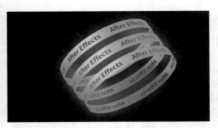

图 11-240

（13）三维扭曲文本效果制作完成，按空格键播放预览最终效果。

11.16　案例——海底光斑效果

本案例效果如图 11-241 所示。

图 11-241

操作步骤如下。

（1）新建项目，新建合成，命名为"海底光斑"，宽度为 1920 px，高度为 1080 px，帧速率为 30 帧 / 秒，导入提供的素材"海底 .png"，拖曳至【时间轴】面板，如图 11-242 所示。

（2）新建纯色层，命名为"杂色"，选择图层 #1"杂色"，添加【分形杂色】效果，如图 11-243 所示。

图 11-242

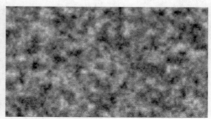

图 11-243

（3）将【分形类型】选择为【动态渐进】，杂色的形态会变为棉花团状，如图 11-244 所示。

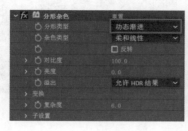

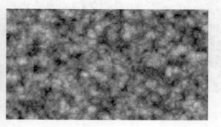

图 11-244

（4）选中【反选】复选框，调节【缩放】和【子缩放】的属性值，使杂色变为类似光斑的形态，如图 11-245 所示。

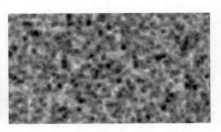

图 11-245

（5）指针移动到 0 秒处，为【演化】属性创建关键帧；指针移动到 10 秒处，将【演化】属性值改为 3x+0.0°，模拟光斑运动的动画效果，如图 11-246 所示。

图 11-246

（6）选择图层 #1"杂色"进行预合成，开启 3D 开关，调节其【位置】【缩放】【旋转】的属性值，将其覆盖住水面，如图 11-247 所示。

图 11-247

（7）为图层 #1"杂色 合成 1"绘制椭圆蒙版，增大【蒙版羽化】的属性值，使边缘柔和，如图 11-248 所示。

图 11-248

（8）选择图层 #1"杂色 合成 1"继续进行预合成，命名为"置换"。选择图层 #2"海底"，添加【置换图】效果，【置换图层】选择为【1.置换】，调节相关属性值，使水面有涌动的效果，如图 11-249 所示。

图 11-249

（9）可以看到水面周围露出了透明背景，将图层 #2"海底"的【缩放】属性值增大，填补背景，如图 11-250 所示。

图 11-250

（10）双击图层 #1"置换"进入合成内部，选择图层 #1"杂色 合成 1"，按快捷键 Ctrl+C 复制，然后按快捷键 Ctrl+V 粘贴到总合成，命名为"光斑"，调节【旋转】和【位置】属性值，使其覆盖住海底，如图 11-251 所示。

图 11-251

（11）将图层 #2"光斑"的图层混合模式改为【经典颜色减淡】，使其产生光斑效果，如图 11-252 所示。

图 11-252

（12）播放预览，光斑都漂浮在一个平面上。为图层 #2 "光斑" 添加【置换图】效果，【置换图层】选择为【3. 海底】，调节相关属性值，使光斑与海底石头有交互，看起来更自然，如图 11-253 所示。

图 11-253

（13）海底光斑效果制作完成，按空格键播放预览最终效果。

11.17 总结

After Effects 翻译成汉语的意思是 "特效"，可见视频效果是该软件的核心功能。对于内置的效果，要多用、多练，发散思维，争取自己可以制作出想要的特效。

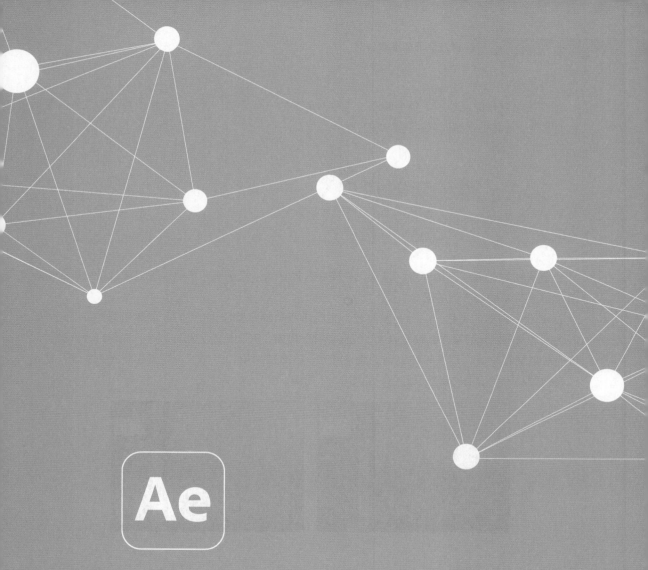

Ae

第 12 章
调整颜色

在视频制作的过程中，颜色的调整是非常重要的一个环节，甚至关乎整个片子的成败。颜色的调整一般是由很多效果共同完成的。

12.1　颜色基础知识

1. RGB 模式

计算机在生成色彩的时候，最常见的模式就是 RGB，显示器、手机屏等显像设备大都是基于 RGB 色光混合而产生的图像。

RGB 分别指的是红光、绿光和蓝光，也就是所谓的三基色光；R/G/B 的数值都是 0~255，表达的是从不发光到发光，数值越大，光线越强。例如，RGB 值为（255.0.0），表示红光最亮，绿光和蓝光不发光，那么最终呈现的就是红光；RGB 值为（100.0.0），绿光和蓝光不发光，红光光线变暗，所呈现的就是深红色，如图 12-1 所示。

图 12-1

计算机可以对三种光进行混合，从而生成复合光，来表现世间万物的色彩。

红光和绿光混合会生成黄色光，RGB 值为（255.255.0）；蓝光和绿光混合会生成青色光，RGB 值为（0.255.255）；红光和蓝光混合会生成洋红色光，RGB 值为（255.0.255）；红光、绿光、蓝光混合会生成白色光，RGB 值为（255.255.255），如图 12-2 所示。

色光叠加越多，光的强度就越大，亮度也越亮，所以 RGB 色彩模式是一种加色模式。

在 RGB 模式下，每个通道都是 256 个级别，3 个通道不同的 RGB 色值组合可以产生 256^3=16 777 216 个结果，也就是 16 777 216 种颜色。

图 12-2

2. 色彩三要素

平时看到某种颜色时，很难一下子就能说准 RGB 色值是多少，但是大脑对色彩的反应可以总结为三个方面，也就是俗称的色彩三要素：色相、饱和度、明度。

（1）色相（H）：我们观察事物是什么颜色时，第一反应就是色相，通俗地说就是颜色的品相。例如，我们看红花、看绿叶，如图 12-3 所示，可以分清它们都是什么颜色，说明它们具有不同的色相。

红、绿、蓝这三种色光可以随意组合和混合，它们是三角形的关系，如图 12-4 所示。

图 12-3

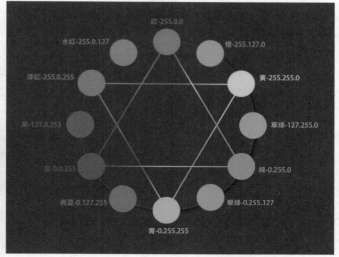

图 12-4

色相是色彩所呈现的质的面貌，是色彩彼此之间相互区别的标志，色彩越多，分得越细，就可以做出一个过渡的环形，这就是色相环，可以按角度来区分颜色，如图 12-5 所示。

在色相环上，15°的范围内是同类色，如红和橙红；45°范围内是邻近色，如翠绿和草绿；130°的两端是对比色，能产生强烈的对比，如橙色和青色；180°的两端是补色，反差最大，如红色和青色。

图 12-5

（2）饱和度（S）：也可以叫作纯度，就是看颜色纯不纯、鲜不鲜艳。饱和度一般用百分比表示，最高是 100%，最低是 0%，即变成了灰色。灰色其实就是弱化的白光，发光强度比较低，红、绿、蓝混合比例是相等的，RGB 的 3 个值是一样的，如图 12-6 所示。

图 12-6

（3）明度（B）：是色彩的明亮程度，对于 RGB 模式的图像，数值越大，发光越强，明度越高。

3．运用 HSB 选色

在工作中，颜色的选取都是在颜色对话框中进行的，其中提供了多种选色的方式，有 HSB 模式、RGB 模式、十六进制颜色代码和吸管吸取，如图 12-7 所示。

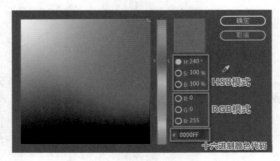

图 12-7

如果已知要使用颜色的 RGB 值或者颜色代码，可以直接输入 RGB 值或者颜色代码确定颜色，在没有确定的色值的情况下，要选取合适的颜色一般使用 HSB 模式。

使用 HSB 模式来取色首先要确定色相，比如要使用蓝紫色，先把色相滑块移动到蓝紫色范围，找到接近的色相，然后在色池中找到最合适的颜色，右上角是最纯、最亮的颜色，左下角是最灰、最暗的颜色，如图 12-8 所示。

通过 HSB 模式选色的好处在于符合人对颜色识别的习惯，比较直观。如果使用 RGB 模式来选取颜色就不是很直观，因为色相并不能完整地显示在色带上，如图 12-9 所示，如果想选择黄色，就不是很方便。

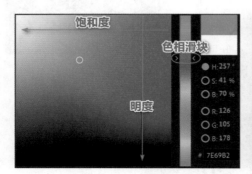

图 12-8

图 12-9

12.2　颜色校正效果

【颜色校正（Color Correction）】效果下包含很多调色效果，简单的调色可能只会用到其中某一个效果，而精细的调色工作就需要多个不同的效果组合以达到最终效果。

新建项目，导入提供的素材"母女.mp4"，使用素材创建合成，如图 12-10 所示。

图 12-10

（1）三色调（Tritone）：改变图层的颜色信息，具体方法是将高光、阴影和中间调像素映射到选择的颜色，如图 12-11 所示。

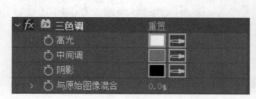

图 12-11

（2）通道混合器（Channel Mixer）：通过混合当前的颜色通道来修改颜色通道，如图 12-12 所示。

图 12-12

- 【输出通道－输入通道】：为输入通道添加输出通道值，例如，【红色－绿色】属性设置为正值即为向绿色通道添加红色，画面会偏黄。
- 【输出通道－恒量】：添加到输出通道的恒量值，例如，【红色－恒量】属性设置为正值即为画面整体添加红色。

（3）阴影／高光（Shadow/Highlights）：可使图像的阴影主体变亮，并减少图像的高光，常用来修复逆光画面。

（4）CC Color Neutralizer（CC 颜色中和剂）：通过调节 Shadows（阴影）、Midtones（中间调）和 Highlights（高光）的 RGB 通道，改善画面偏色的问题，如图 12-13 所示。

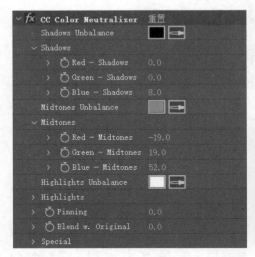

图 12-13

（5）CC Color Offset（CC 颜色偏移）：分别调节 R、G、B 三个通道的相位值，如图 12-14 所示。

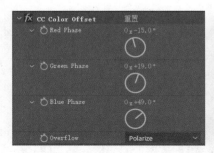

图 12-14

（6）CC Toner（CC 调色）：和【三色调】效果基本相同。

（7）照片滤镜（Photo Filter）：模拟在摄像机镜头前加彩色滤镜来更改通过镜头传输的光的颜色平衡和色温，如图 12-15 所示。

图 12-15

（8）灰度系数 / 基值 / 增益（Gamma/Pedestal/Gain）：为每个通道单独调整灰度系数、基值和增益，对于基值和增益，属性值为 0.0 表示完全关闭，属性值为 1.0 表示完全打开。

（9）色调（Tint）：对图层着色，将每个像素的颜色值替换为【将黑色映射到】和【将白色映射到】指定的颜色之间的值。设置【将黑色映射到】为黑色、【将白色映射到】为白色，可以发现画面中暗的部分为黑色,亮的部分为白色,中间调则为两个颜色的中间值,如图 12-16 所示。

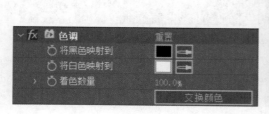

图 12-16

（10）色调均化（Equalize）：改变图像的像素值，以产生更一致的亮度或颜色分量分布，和 Photoshop 中的【色调均化】效果类似。

（11）色阶（Levels）：将输入颜色或 Alpha 通道色阶的范围重新映射到输出色阶的新范围，并由灰度系数值确定值的分布，可用于对比度的调节和偏色调节，如图 12-17 所示。

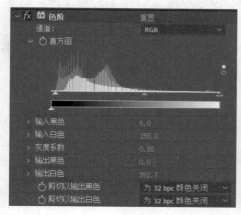

图 12-17

（12）色阶（单独控件）[Levels (Individual Controls)]：与【色阶】效果一样，但是可以为每个通道调整单独的颜色值。

（13）色光（Colorama）：改变画面的颜色，实现卡通画般的效果，可以设置动画。

（14）色相 / 饱和度（Hue/Saturation）：调整整个图像或者单个颜色分量的色相、饱和度和亮度。

当【通道控制】选择为【主】时，【主色相】【主饱和度】【主亮度】控制的是整个图层，调节属性值，整个图层都会发生改变，如图 12-18 所示。

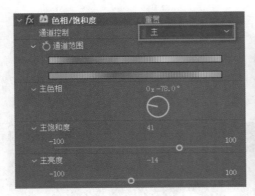

图 12-18

当【通道控制】选择为某一个颜色通道时，【色相】【饱和度】【亮度】控制的是该颜色通道，例如，选择【红色】通道，基本只影响皮肤和树身，如图 12-19 所示。

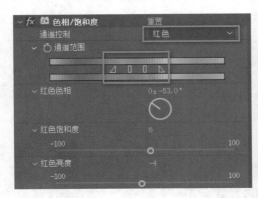

图 12-19

选中【彩色化】复选框，为整个图层添加颜色，效果和在画面上叠加一层纯色层类似，如图 12-20 所示。

图 12-20

（15）亮度和对比度（Brightness & Contrast）：调整整个图层的亮度和对比度，是调整图像色调范围的最简单的方式，如图 12-21 所示。

图 12-21

（16）保留颜色（Leave Color）：保留图层中指定的颜色，降低其他颜色的饱和度。例如，使用【要保留的颜色】中的吸管工具在人的皮肤上单击，增大【脱色量】的属性值，可以看到皮肤的颜色基本被保留，其他颜色的饱和度会降低，如图 12-22 所示。

图 12-22

（17）可选颜色（Selective Color）：可以有选择地修改任何主要颜色中的印刷色数量，而不会影响其他主要颜色。例如，选择【红色】，更改下面印刷色的属性值，人的皮肤和树身会改变颜色，其他颜色基本不变，如图 12-23 所示。

图 12-23

（18）曝光度（Exposure）：调节画面的曝光度，一次可调整一个通道，也可调整所有通道。

（19）曲线（Curves）：调整图像的色调范围和色调响应曲线，与 Photoshop 的【曲线】效果使用方法类似。将 RGB 通道曲线中亮的部分向上调、暗的部分向下调，可以提高对比度；

还可以将绿色通道曲线稍微向上调节一点，使树和草更绿，如图 12-24 所示。

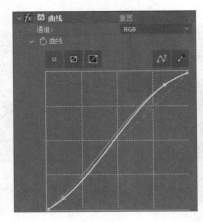

图 12-24

（20）更改颜色（Change Color）：调整所选择颜色的色相、亮度和饱和度，如选择人的皮肤，如图 12-25 所示。

图 12-25

（21）更改为颜色（Change to Color）：将图像中选择的颜色更改为使用色相、亮度和饱和度（HLS）值的其他颜色，同时使其他颜色不受影响。【更改为颜色】效果相比【更改颜色】效果具有更好的灵活性。

（22）自然饱和度（Vibrance）：调整【自然饱和度】属性，饱和度值较低的颜色比饱和度值较高的颜色受更多的影响，可以保护肤色避免饱和度过高；调整【饱和度】属性，会均衡调整所有颜色的饱和度。

（23）自动色阶（Auto Levels）：将图像各颜色通道中最亮和最暗的值映射为白色和黑色，然后重新分配中间的值，可使高光看起来更亮、阴影看起来更暗。

（24）自动对比度（Auto Contrast）：自动处理画面的对比度，使亮的部分更亮、暗的部分更暗。

（25）自动颜色（Auto Color）：自动处理画面的对比度和颜色，使亮的部分更亮、暗的部分更暗。

（26）颜色平衡（Color Balance）：更改图像阴影、中间调和高光中的红色、绿色和蓝色数量，如图 12-26 所示。

图 12-26

（27）黑色和白色（Black & White）：可将彩色图像转换为灰度，以便控制如何转换单独的颜色。减小或增大各颜色分量的属性值，以将该颜色通道转换为更暗或更亮的灰色阴影，如图 12-27 所示。

图 12-27

12.3　案例——花朵变色效果

本案例最终效果如图 12-28 所示。

图 12-28

操作步骤如下。

（1）新建项目，导入提供的素材"玫瑰.mp4"，使用素材新建合成，如图 12-29 所示。按快捷键 Ctrl+K 打开【合成设置】对话框，将【合成名称】改为"花朵变色"，【开始时间码】改为 0:00:00:00。

（2）选择图层 #1"玫瑰"，连续按快捷键 Ctrl+D 复制三层，分别命名为"蓝通道""绿通道""红通道"，如图 12-30 所示。

图 12-29   图 12-30

（3）选择图层 #1"蓝通道"，通过执行【效果】-【颜色校正】-【通道混合器】命令添加【通道混合器】效果，保留【蓝色 - 蓝色】属性值，其余属性值都改为 0，如图 12-31 所示。

图 12-31

（4）同理，为图层 #2"绿通道"和图层 #3"红通道"添加【通道混合器】效果，分别保留【绿色 - 绿色】属性值和【红色 - 红色】属性值，并将图层 #1 ～图层 #3 的入点修剪到 1 秒处，混合模式都改为【屏幕】，如图 12-32 所示。

图 12-32

（5）指针移动到 1 秒处，展开图层 #1 ～图层 #3 的【位置】【缩放】【不透明度】属性，将【不透明度】属性值都改为 0%，并为这三个属性创建关键帧，如图 12-33 所示。

图 12-33

（6）指针移动到 1 秒 12 帧处，将图层 #1 "蓝通道" 向左移动并放大，将图层 #2 "绿通道" 向右移动并放大，将图层 #3 "红通道" 向上移动并放大，并将【不透明度】属性值均改为 100%，制作错乱的效果，如图 12-34 所示。

图 12-34

（7）指针移动到 2 秒处，将 1 秒处的关键帧全选并复制粘贴到此位置，制作错乱效果消失的动画，如图 12-35 所示。

图 12-35

（8）新建调整图层并放于最上层，选择调整图层，执行【效果】-【颜色校正】-【保留颜色】命令，使用【要保留的颜色】效果中的吸管工具在花朵上单击，将【要保留的颜色】设置为花朵的颜色，其余属性设置如图 12-36 所示。

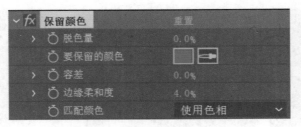

图 12-36

（9）指针移动到 1 秒 12 帧处，为【脱色量】属性创建关键帧，指针移动到 2 秒处，将【脱色量】属性值改为 100%，自动创建第二个关键帧，将红花之外的颜色全部去除，如图 12-37 所示。

图 12-37

（10）选择调整图层，执行【效果】-【颜色校正】-【更改为颜色】命令，将【自】和【至】的颜色都吸取为花朵的颜色，如图 12-38 所示。

（11）指针移动到 2 秒处，为【至】属性创建关键帧，然后将指针移动到合成最后一帧，将【至】属性的颜色改为蓝色，自动创建第二个关键帧，制作花朵由红色变换为蓝色的动画，如图 12-39 所示。

图 12-38

图 12-39

（12）选择调整图层，执行【效果】-【颜色校正】-【曲线】命令。指针移动到 1 秒 12 帧处，为【曲线】属性创建关键帧；指针移动到 2 秒处，调节曲线增大对比度，自动创建第二个关键帧，使花朵更突出，如图 12-40 所示。

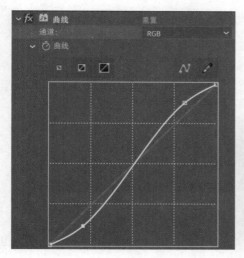

图 12-40

（13）花朵变色效果制作完成，按空格键播放预览最终效果。

12.4　Lumetri 颜色效果

【Lumetri 颜色（Lumetri Color）】效果是 After Effects 提供的专业调色工具，是集很多调色效果于一身的综合调色效果，其颜色工作区的设计不仅针对经验丰富的色彩师，还适合刚刚接触颜色分级的编辑人员。

新建项目，导入提供的素材"风铃草.mov"，使用素材创建合成，如图 12-41 所示。

图 12-41

为图层 #1 "风铃草" 添加【Lumetri 颜色】效果。

1. 基本校正

【基本校正】包含的属性如图 12-42 所示。

图 12-42

（1）【白平衡选择器】：如果画面中有白色的物体，使用吸管工具在白色物体上单击，会自动设置白平衡。

（2）【色温/色调】：用于手动调节白平衡，例如，感觉画面色调偏暖，可以向冷色调调节，使绿叶显得更绿一些，如图12-43所示。

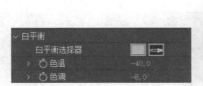

图12-43

【音调】下的各属性以及【饱和度】属性和12.2节【颜色校正】效果是一样的，可以自行尝试，不再过多赘述。

2．创意

【创意】包含的属性如图12-44所示。

（1）【Look】：单击下拉箭头会看见预置的很多调色效果，可以直接应用。

（2）【强度】：设置应用的预置调色效果的强度。

（3）【淡化胶片】：使画面胶片化，类似叠加了一层灰色纯色层。

（4）【锐化】：和【模糊与锐化】效果组下的【锐化】效果基本相同。

（5）【分离色调】：用来调节画面高光和阴影处的色调，例如，可以将阴影色调向蓝色范围偏移，使绿叶看着更绿一些，如图12-45所示。

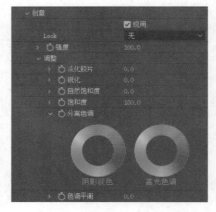

图12-44

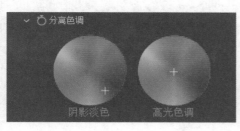

图12-45

（6）【色调平衡】：【分离色调】调节完成后，增大【色调平衡】的属性值，会增大阴影色调的效果，减小高光色调的效果；减小【色调平衡】的属性值，会减小阴影色调的效果，增大高光色调的效果。

3．曲线

【曲线】包含的种类如图 12-46 所示。

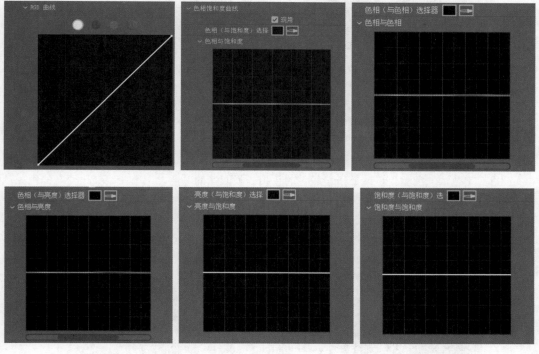

图 12-46

（1）【RGB 曲线】：和【颜色校正】效果组下的【曲线】效果一样。

（2）【色相饱和度曲线】：用于调节所选颜色的饱和度，例如，调节花的饱和度，使用吸管工具在花朵上吸取颜色，曲线上会生成 3 个点表明颜色范围，如图 12-47 所示。

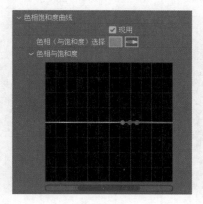

图 12-47

向下调节曲线，即可降低花朵的饱和度，如图 12-48 所示。

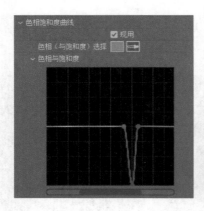

图 12-48

（3）【色相与色相】：调节所选颜色的色相。吸取花的颜色，调节曲线会改变花的色相，如图 12-49 所示。

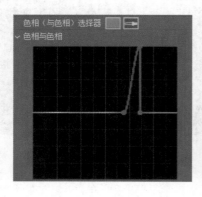

图 12-49

（4）【色相与亮度】：调节所选颜色的亮度，如图 12-50 所示。

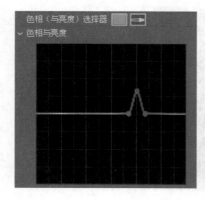

图 12-50

（5）【亮度与饱和度】：使用吸管工具吸取画面中的某点，调节所选亮度范围内的饱和度，适用于提升或降低画面中亮处或阴影处的饱和度。

（6）【饱和度与饱和度】：在选定的饱和度范围内调整画面像素的饱和度。

4．色轮

【色轮】效果如图 12-51 所示。

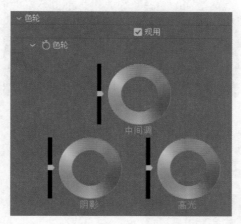

图 12-51

【色轮】的用法和【色调分离】效果类似，在阴影和高光的基础上多了一个中间调可以调节。

5．HSL 次要

【HSL 次要】效果如图 12-52 所示。

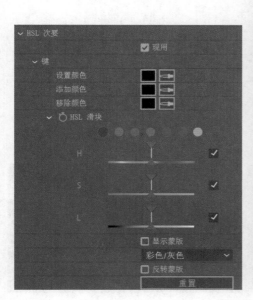
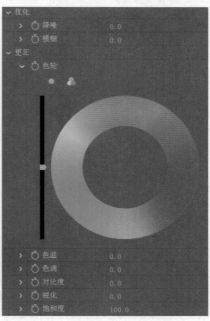

图 12-52

【HSL 次要】效果主要用来更改画面中所选的颜色，效果和【更改颜色】类似，但是比【更改颜色】的可控性更强。

导入提供的素材"玫瑰.mov"，使用素材创建合成，如图 12-53 所示。

图 12-53

使用【设置颜色】的吸管工具在花朵上单击，选中【显示蒙版】复选框，调节【HSL 滑块】属性使花朵显示出来，如图 12-54 所示。

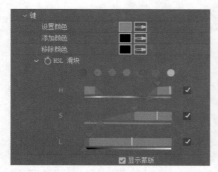

图 12-54

接下来通过调节【更正】下各属性的参数来对花的颜色进行更改，如图 12-55 所示。

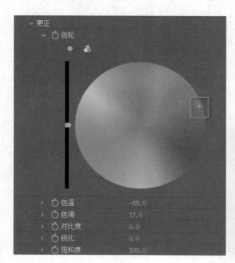

图 12-55

6. 晕影

【晕影】主要为画面的四个角添加暗角或者亮角效果，如图 12-56 所示。

图 12-56

12.5　案例——季节变换

本案例最终效果如图 12-57 所示。

图 12-57

操作步骤如下。

（1）新建项目，导入提供的素材"山景 .mp4"，使用素材创建合成，如图 12-58 所示。

（2）选择图层 #1"山景"，按快捷键 Ctrl+D 复制一层，将上层重命名为"秋季"，下层重命名为"夏季"，如图 12-59 所示。

图 12-58 图 12-59

（3）将图层 #2 "夏季" 的出点修剪至 1 秒 17 帧，图层 #1 "秋季" 的入点修剪至 1 秒 12 帧，出点修剪至 3 秒 12 帧，如图 12-60 所示。

图 12-60

（4）选择图层 #2 "夏季"，执行【效果】-【颜色校正】-【曲线】命令，调节曲线，增强画面的对比度，使画面更通透，如图 12-61 所示。

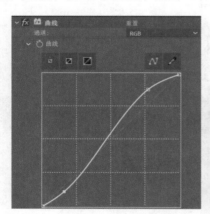

图 12-61

（5）选择图层 #1 "秋季"，执行【效果】-【颜色校正】-【可选颜色】命令，将【颜色】属性选择为【黄色】，并将【青色】的属性值改为 -100.0%，使画面的近景偏向黄色，如图 12-62 所示。

图 12-62

（6）展开【可选颜色】的【细节】属性，调节【黄色】【绿色】【青色】属性组下的属性值，使画面的远景也偏向秋季的颜色，如图 12-63 所示。

图 12-63

（7）选择图层 #1 "秋季"，继续添加【曲线】效果，将画面提亮，如图 12-64 所示。

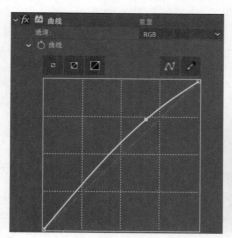

图 12-64

（8）将【项目】面板的素材 "山景 .mp4" 重新拖曳至【时间轴】面板，并且复制一层，将其入点都修剪至 3 秒 5 帧处，如图 12-65 所示。

图 12-65

（9）选择图层 #1 和图层 #2，进行预合成并命名为"冬季"，双击图层 #1"冬季"进入合成内部，将两个图层分别命名为"天空"和"山体"，并先将图层 #1"天空"隐藏，如图 12-66 所示。

图 12-66

（10）选择图层 #2"山体"，添加【保留颜色】效果，使用吸管工具吸取白云，并将【脱色量】属性值改为 100.0%，去除画面的颜色，如图 12-67 所示。

图 12-67

（11）选择图层 #2"山体"，继续添加【Lumetri 颜色】效果，展开【音调】属性组，增加【曝光度】【高光】【阴影】【白色】的属性值，使画面变白，如图 12-68 所示。

图 12-68

（12）将【色温】属性值改为 -30.0，使画面偏于冷色调，如图 12-69 所示。

图 12-69

（13）此时天空已经过曝，开启图层 #1 "天空" 的显示，并沿着山顶绘制蒙版，蒙版可以不用很精细，如图 12-70 所示。

（14）将图层 #2 "山体" 的【Lumetri 颜色】效果复制粘贴给图层 #1 "天空"，并将【曝光度】属性值改为 -1，使天空和山体色调统一，如图 12-71 所示。

图 12-70

图 12-71

（15）回到总合成，选择图层 #1 "冬季"，添加【CC Snowfall】效果，属性值修改如图 12-72 所示，制作下雪的效果。

图 12-72

（16）季节变换效果制作完成，按空格键播放预览最终效果。

12.6　总结

调整颜色包括 "校色" 和 "调色"，前者是为了准确还原拍摄现场的色调，也就是解决偏色；后者是将色调调整为需要的某种氛围，是一种艺术的加工。

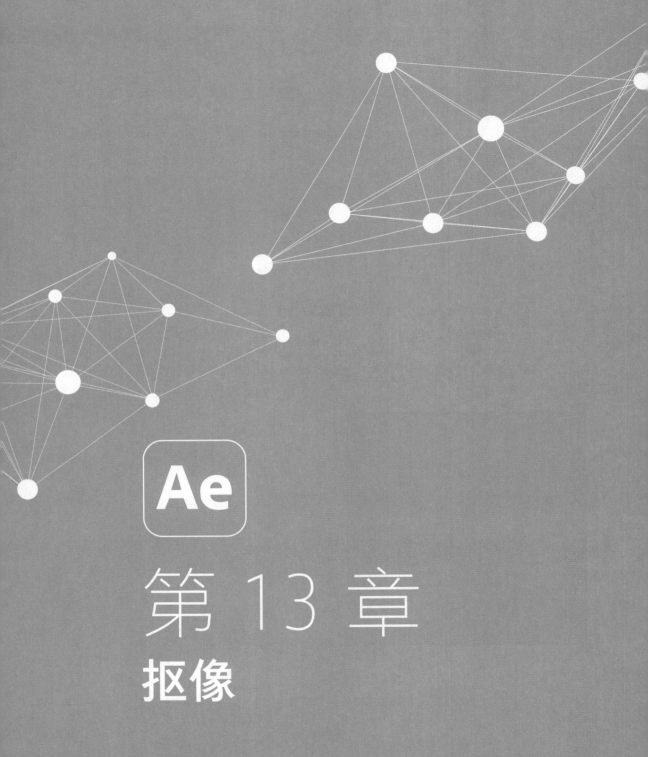

Ae

第13章

抠像

抠像在影视合成制作中的使用频率非常高，演员在蓝幕或绿幕背景前表演，最终合成到各种背景或场景中，这就应用了抠像的技术，可以说，正是有了抠像技术，才使得影视剧中天马行空的创意场景得以实现。

13.1　了解抠像

抠像是按图像中的特定颜色值或亮度值定义透明度。如果抠出某个值，则颜色或明亮度值与该值类似的所有像素将变为透明。

抠出颜色一致的背景的技术通常被称为蓝幕或绿幕，但不是只能使用蓝色或绿色屏幕，其实可以对背景使用任何纯色。红色屏幕通常用于拍摄非人类对象，如汽车和宇宙飞船的微型模型。在一些因视觉特效出众而闻名的电影中，就使用了洋红屏幕进行抠像。抠像技术的其他常用术语包括抠色和色度抠像。

13.2　颜色差值键效果

【颜色差值键（Color Difference Key）】效果通过将图像分为"遮罩 A"和"遮罩 B"两个遮罩，在相对的起始点创建透明度。"遮罩 B"使透明度基于指定的主色，而"遮罩 A"使透明度基于不含第二种不同颜色的图像区域。通过将这两个遮罩合并可以得到第三个遮罩"Alpha 遮罩"。

【颜色差值键】效果可为蓝屏或绿屏素材项目实现优质抠像，特别适合包含透明或半透明区域的图像，如烟、阴影或玻璃等，此效果适用于 8-bpc 和 16-bpc 颜色。

新建项目，导入提供的素材"自拍 .mp4"，使用素材创建合成，如图 13-1 所示。

图 13-1

选择图层 #1，执行【效果】-【抠像】-【颜色差值键】命令，添加【颜色差值键】效果，如图 13-2 所示。

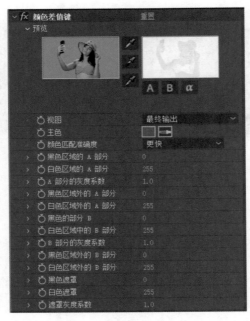

图 13-2

从图 13-2 中可以看到，【预览】属性下有三个竖向排列的吸管，从上到下的作用分别是选择确认主色、在 Alpha 通道中选择透明区域、在 Alpha 通道中选择不透明区域，根据功能和外观可以将这三个吸管分别命名为"主色吸管""黑吸管""白吸管"。

为了同时查看和比较源图像、两个部分遮罩和最终遮罩，【视图】选择为【已校正 [A，B，遮罩]，最终】，【查看器】窗口会显示出这四个缩略图，如图 13-3 所示。

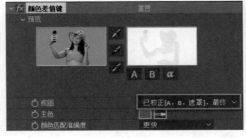

图 13-3

使用"主色吸管"在【查看器】窗口右下角的"最终"缩略图的背景色上单击，使用"黑吸管"在【查看器】窗口左下角的"遮罩"缩略图的背景色上单击，使用"白吸管"在"遮罩"缩略图的人物身上黑色的部分上单击，直至人物整个变为白色，如图 13-4 所示。

此时人物已经基本被抠出，但是细看会发现人物轮廓上还有残留的绿边，为了便于观察，将透明网格关闭，如图 13-5 所示。

图 13-4　　　　　　　　　　　　　　　　　　图 13-5

调整每个部分遮罩和最终遮罩的透明度值，直至能达到的最好效果，如图 13-6 所示。

图 13-6

细看手机和头发边缘还是有残留的绿色，再调节属性值已经很难将其完全消除，此时最快速的方法就是继续添加一个【Advanced Spill Suppressor】效果配合【颜色差值键】效果。【Advanced Spill Suppressor】也就是之前版本中的【高级溢出抑制器】，主要用来抑制溢出的颜色。

选择图层 #1，执行【效果】-【抠像】-【Advanced Spill Suppressor】命令，溢出的绿色就会被很好地抑制，如图 13-7 所示。

图 13-7

导入提供的素材"海滩 .mov"，拖曳到【时间轴】面板，放于下层，人物在海边自拍的合成画面就制作完成了，如图 13-8 所示。

图 13-8

13.3 线性颜色键效果

【线性颜色键（Linear Color Key）】效果是 After Effects 最早版本中就存在的抠像效果，但是随着更多、更强大的抠像效果的出现，导致其如今使用频率不是很高。

选择图层 #1，执行【效果】-【抠像】-【线性颜色键】命令，添加【线性颜色键】效果，如图 13-9 所示。

图 13-9

使用【主色】吸管工具在【查看器】窗口中的绿色背景上单击，绿色背景就会被去除，调节【匹配容差】和【匹配柔和度】的属性值，尽可能地消除人物轮廓残留的绿色，如图 13-10 所示。

图 13-10

同样，最后还是会有残留的绿色不能完全去除。此时添加【Advanced Spill Suppressor】效果抑制绿色，人物就被完美地抠出了，如图 13-11 所示。

图 13-11

这样看感觉【线性颜色键】抠像更简单高效，其实是因为提供的素材中绿色背景和人物身上的光线均匀，非常适合抠像，对于这类素材，应用【线性颜色键】效果抠像确实会更高效。但是实际工作中是很难遇到这么好的素材的，对于光线不均匀的素材，使用【线性颜色键】所得到的效果就不是很理想了。

13.4　颜色范围效果

对于亮度不均匀且包含同一颜色的不同阴影的蓝屏或绿屏，或者包含多种颜色的屏幕，比较适合使用【颜色范围】效果，此效果适用于 8-bpc 颜色。

导入提供的素材"握手 .mov"，使用素材创建合成，如图 13-12 所示。

选择图层 #1"握手"，执行【效果】-【抠像】-【颜色范围】命令，添加【颜色范围】效果，如图 13-13 所示。

图 13-12

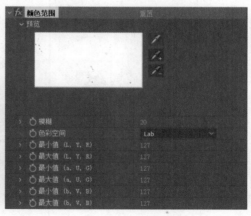

图 13-13

在图 13-13 中，【预览】下的三个吸管工具从上至下可以命名为"主色吸管""加号吸管""减号吸管"。使用"主色吸管"在【查看器】窗口中的绿色背景上单击，可以看到大部分背景被去除，但是由于背景的光不是很均匀，颜色深一些的绿色没有去除干净，如图 13-14 所示。

使用"加号吸管"在残余的绿色上持续单击，直至将绿色背景基本去除干净，如图 13-15 所示。

图 13-14　　　　　　　　　　　　　图 13-15

调节【最大值】和【最小值】的属性值，微调颜色范围以缩小残余绿边，L、Y、R 可控制指定颜色空间的第一个分量；a、U、G 可控制第二个分量；b、V、B 可控制第三个分量。更改【最小值】的属性值，以微调颜色范围的起始颜色。更改【最大值】的属性值，以微调颜色范围的结束颜色，如图 13-16 所示。

图 13-16

领口和袖口会有残余绿色，不容易完美地去除，添加【Advanced Spill Suppressor】效果可以抑制绿色。导入提供的素材"会议室 .jpg"，拖曳至【时间轴】面板，放于下层，为其添加【高斯模糊】效果，如图 13-17 所示。

图 13-17

13.5　差值遮罩效果

【差值遮罩】效果最适用于使用固定摄像机和静止背景拍摄的场景，不一定必须是纯色背景，使用【差值遮罩】效果抠像需要两个图层，即源图层和去除要抠出对象的背景层。具体方法是比较源图层和背景图层，然后抠出源图层与背景图层中的位置和颜色匹配的像素。

导入提供的素材"篮球.mp4"，使用素材创建合成，如图 13-18 所示。

选择图层后按快捷键 Ctrl+D 复制一层，选择底层素材，将其重命名为"背景"，指针移动到人物移出画面的时间处右击，选择【时间】-【冻结帧】选项，得到没有人物的背景图层，如图 13-19 所示。

图 13-18

图 13-19

选择图层 #1 "篮球"，执行【效果】-【抠像】-【差值遮罩】命令，将【差值图层】选择为【2.背景】，并且关闭图层 #2 "背景"的可见性，人物就被抠出来了，如图 13-20 所示。

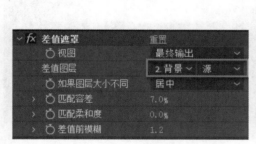

图 13-20

更换背景，效果如图 13-21 所示。

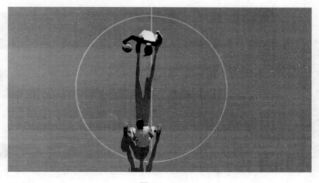
图 13-21

13.6 Keylight 效果

【Keylight】效果为获得过奥斯卡奖的抠像效果，在制作专业品质的抠像效果方面表现出色。

本节继续使用素材"握手.mov"。选择图层 #1"握手"，执行【效果】-【Keying】-【Keylight (1.2)】命令，添加【keylight】效果，如图 13-22 所示。

使用【Keylight】效果中的【Screen Colour】属性的吸管工具在【查看器】窗口中的绿色背景上单击，人物很快就被抠出，如图 13-23 所示。

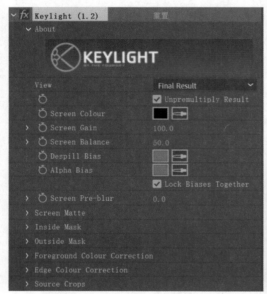

图 13-22   图 13-23

细看背景有很多的噪点，将【View】属性选择为【Screen Matte】，可以看到人物身上有很多黑色的噪点，背景上也有许多白色的噪点，说明抠像并没有抠干净，如图 13-24 所示。

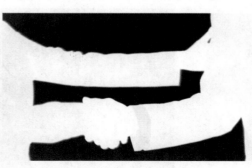

图 13-24

展开【Screen Matte】属性并调节相关参数，直至人物身上没有黑色噪点、背景没有白色噪点，说明人物已经抠干净，如图 13-25 所示。

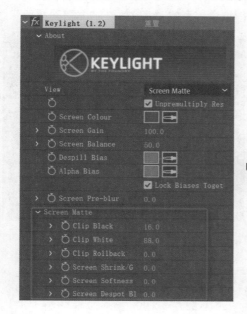
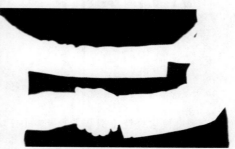

图 13-25

从最终效果可以看到，背景已经没有了噪点，如图 13-26 所示。

图 13-26

13.7　其他抠像效果

除了上述抠像效果，After Effects 还内置了两种抠像效果，就是【提取】和【内部 / 外部键】效果，这两个抠像效果都有自己适合的场景。

1.【提取】效果

【提取（Extract）】效果是根据指定通道的直方图，抠出指定亮度范围。此效果最适合对在黑色或白色背景中拍摄的画面进行抠像，对于常规的绿屏或者蓝屏不是很适用。

新建项目，导入提供的白底素材"羊驼.mp4"，使用素材创建合成，如图 13-27 所示。

选择图层 #1 "羊驼" 执行【效果】-【抠像】-【提取】命令，添加【提取】效果，如图 13-28 所示。

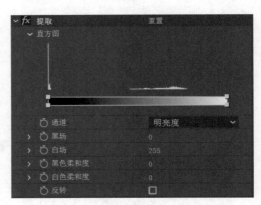

图 13-27 图 13-28

要抠除白背景，需要调整【提取】效果中【白场】和【白色柔和度】的参数值，如图 13-29 所示。

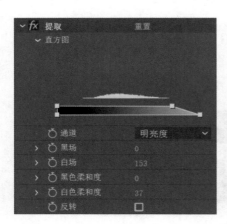

图 13-29

如果要扣除黑色背景，则应调整【提取】效果中【黑场】和【黑色柔和度】的参数值。

2．【内部 / 外部键】效果

使用【内部 / 外部键（Inner/Outer Key）】抠像效果，需要创建蒙版来确定要抠除的对象边缘的内部和外部，这里蒙版不用特别精确，也不用完全贴合对象的边缘。

选择图层 #1 "自拍"，执行【效果】-【抠像】-【内部 / 外部键】命令，添加【内部 / 外部键】效果。使用【钢笔工具】紧贴人物边缘绘制内部和外围两个蒙版，分别为 "蒙版 1" 和 "蒙版 2"，蒙版模式都设置为【无】，将【内部 / 外部键】的【前景（内部）】选择为【蒙版 1】，【背景（外部）】选择为【蒙版 2】，如图 13-30 所示。

图 13-30

从图 13-30 中可以看到人物被很完美地抠出，边缘也没有溢出的绿色，如图 13-31 所示。

使用【内部 / 外部键】效果进行抠像，主要取决于绘制的两个蒙版，由于蒙版路径并不会跟随人物的动作而相应地改变，所以在其他时间点人物动作变化后背景就会露出来，人物也会被蒙版遮住一部分，如图 13-32 所示。

图 13-31

图 13-32

可见，虽然【内部 / 外部键】效果对于精确抠像有着很好的效果，但是它只能抠取静态图像而不能抠取视频，这也是此效果的局限性所在。

13.8　案例——公路穿出电脑效果

本案例制作公路从电脑屏幕穿出来的效果，如图 13-33 所示。

图 13-33

操作步骤如下。

（1）新建项目，导入提供的素材"电脑绿屏 .mov""高速 .mp4""书房 .jpg"，使用素材"电脑绿屏 .mov"创建合成，如图 13-34 所示。

图 13-34

（2）选择图层 #1 "电脑绿屏"，执行【效果】-【抠像】-【颜色范围】命令，使用吸管工具吸取背景和电脑屏幕的绿色，调节属性值，直至最好的效果，如图 13-35 所示。

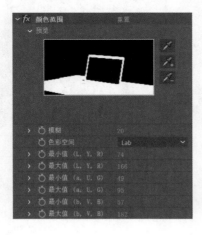

图 13-35

（3）电脑键盘和旁边的手机因为含有绿色，也会被抠除，将素材"电脑绿屏 .mov"从【项目】面板再次拖曳至【时间轴】面板，放于最上层，使用【钢笔工具】绘制蒙版，填补被扣除的部分，如图 13-36 所示。

图 13-36

（4）将素材"高速.mp4"从【项目】面板拖曳至【时间轴】面板，放于最上层，调节【缩放】和【位置】的属性值，使其位于如图 13-37 所示位置。

图 13-37

（5）选择图层 #1"高速"，按快捷键 Ctrl+D 复制一层，并将图层 #1 命名为"公路"。选择图层 #1"公路"，指针移动到 0 秒处，使用【钢笔工具】沿公路绘制蒙版，如图 13-38 所示。

图 13-38

（6）展开图层 #1"公路"的【蒙版】属性，为【蒙版路径】属性创建关键帧，使蒙版能始终贴合公路，如图 13-39 所示。

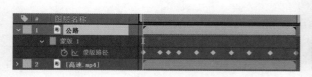

图 13-39

（7）选择图层 #2 "高速"，使用【钢笔工具】沿电脑屏幕绘制蒙版，使其位于电脑屏幕里，如图 13-40 所示。

图 13-40

（8）将素材 "书房 .jpg" 拖曳至【时间轴】面板，放于最底层，调节【缩放】和【位置】的属性值，如图 13-41 所示。

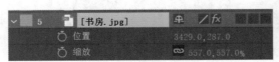

图 13-41

（9）选择图层 #5 "书房"，执行【效果】-【模糊和锐化】-【高斯模糊】命令，如图 13-42 所示。

图 13-42

（10）公路穿出电脑效果制作完成，按空格键播放预览查看效果。

13.9 Roto 笔刷工具

对于背景不是纯色的视频，如果还使用上述抠像工具，那么效率将十分低下，而且多数情况下并不能实现较好的效果，这种情况就需要用到【Roto 笔刷工具】 。

对于背景复杂的视频，如果想要抠出视频中的某个对象，传统的方法是使用蒙版将对象抠出，然后为蒙版路径制作动画，使蒙版能始终贴合对象，这种方法虽然有效，但是会耗费大量时间，而且非常枯燥，【Roto 笔刷工具】原理上和使用蒙版抠出对象相同，但是速度要比传统的动态蒙版快得多。

新建项目，导入提供的素材"情侣 .mp4"，使用素材创建合成，如图 13-43 所示。

双击图层 #1"情侣"，进入【图层查看器】窗口，单击工具栏上的【Roto 笔刷工具】按钮，在需要被抠出的人物和桌面上直接绘制，如图 13-44 所示。

图 13-43

图 13-44

松开鼠标后会出现一个紫色的选区，如图 13-45 所示。

此时选区并没有完全地贴合人物和桌面，使用【Roto 笔刷工具】继续在人物身上和桌面上没有在选区内的区域绘制，对于选区超出人物和桌面的区域，则按住 Alt 键的同时在超出的范围绘制，直至选区完全贴合人物和桌面，如图 13-46 所示。

图 13-45

图 13-46

回到【合成查看器】窗口，可以看到人物和桌面已经被抠出，但是头发部位边缘很生硬，抠得很粗糙，如图 13-47 所示。

图 13-47

继续进入【图层查看器】窗口，在工具栏上展开【Roto 笔刷工具】组，选择【调整边缘工具】选项，在【画笔】面板中选择合适大小的笔刷，沿着人物头发轮廓绘制，如图 13-48 所示。

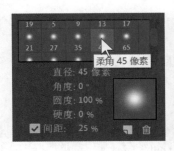

图 13-48

回到【合成查看器】窗口，此时人物头发边缘已经变得柔和，而且头发丝也被较好地抠出，如图 13-49 所示。

进入【图层查看器】窗口，按空格键播放，软件会自动计算，绘制的选区随着人物的动作而改变，在计算过程中，选区并不会非常完美地贴在人物身上，不合适的地方需要随时暂停并手动绘制调整选区，如图 13-50 所示，调整完成后按空格键继续计算，重复操作直至计算完成，这个过程一定要有耐心。

图 13-49

图 13-50

导入提供的素材"食堂 .jpg"，拖曳至【时间轴】面板放于底层，并为其添加【高斯模糊】效果，最终效果如图 13-51 所示。

图 13-51

13.10　案例——人物粒子消散效果

本案例效果如图 13-52 所示。

图 13-52

操作步骤如下。

（1）新建项目，导入提供的素材"芭蕾舞 .mp4"，使用素材创建合成，如图 13-53 所示。

图 13-53

（2）双击图层 #1 "芭蕾舞"进入【图层查看器】窗口，使用工具栏上的【Roto 笔刷工具】在人物身上直接绘制，如图 13-54 所示。

图 13-54

（3）使用【Roto 笔刷工具】持续在人物身上进行绘制，直至选区完全贴合人物，如图 13-55 所示。

（4）按空格键自动计算选区，对于没有跟上的选区要手动进行修正，直至人物被抠出，如图 13-56 所示。

图 13-55　　　　　　　　　　　　图 13-56

（5）选择图层 #1 "芭蕾舞" 并重命名为 "人物"，在【项目】面板将素材 "芭蕾舞 .mp4" 拖曳至【时间轴】面板，放于底层，并重命名为 "背景"。指针移动到 0 秒处，此时为纯背景，选择图层 #2 "背景"，执行【图层】-【时间】-【冻结帧】命令，如图 13-57 所示。

图 13-57

（6）此时人物在画面中没有影子，如图 13-58 所示。

图 13-58

（7）在【项目】面板将素材 "芭蕾舞 .mp4" 再次拖曳至【时间轴】面板，放于图层 #1 "人物" 下层，补全人物影子，如图 13-59 所示。

图 13-59

（8）选择图层 #1 "人物" 添加【CC Scatterize】效果。指针移动到 4 秒处，为【CC Scatterize】效果的【Scatter】属性创建关键帧；指针移动到 8 秒处，将【Scatter】属性值改为 800.0，自动创建第二个关键帧，制作人物消散的效果，如图 13-60 所示。

图 13-60

（9）粒子消散后人物还在，指针移动到 4 秒处，为图层 #2 "芭蕾舞" 的【不透明度】属性创建关键帧；指针移动到 4 秒 5 帧处，将【不透明度】属性值改为 0%，自动创建第二个关键帧，制作人物渐隐的动画，如图 13-61 所示。

图 13-61

（10）指针移动到 7 秒处，为图层 #1 "人物" 的【不透明度】属性创建关键帧；指针移动到 8 秒处，将【不透明度】属性值改为 0%，自动创建第二个关键帧，制作粒子消失的动画。

（11）人物粒子消散效果制作完成，按空格键播放预览最终效果。

13.11　总结

对于每种抠像效果的应用方法，我们都应该熟练掌握。每种效果都有适用的场景，不同抠像效果甚至可以叠加使用。

Ae

第 14 章
运动跟踪与稳定

视频素材中有动态的对象或者有摄像机运动的情况下，After Effects 可以分析运动数据，实现运动跟踪，便于制作动态的合成和修饰。

如果视频有画面抖动、不稳定的情况，那么在后期制作过程中就需要对视频进行稳定操作，使画面视觉更加舒适。

14.1　运动跟踪与稳定概述

运动跟踪就是对视频素材中的某个对象的运动特征进行计算，得到这个对象的运动数据，并将运动数据应用到后期添加的另一个对象上，使两个对象能有相同的运动路径，实现自然贴合。

画面稳定是通过亮度信息和颜色信息识别出大量的点，在画面抖动过程中记录这些点的运动信息，并给这些点一个相反的位置移动来抵消它的抖动。例如，画面左、右抖动，After Effects 就会给它添加一个右、左抖动的关键帧来抵消抖动，这就是画面稳定的原理。

14.2　点跟踪器及应用

1. 单点跟踪

新建项目，导入提供的素材"算式 .mp4"，使用素材创建合成，如图 14-1 所示。

视频中的算式没有答案，要制作的内容为给算式添加上答案，使答案跟随算式一起运动。

选择图层 #1 "算式"，在【跟踪器】面板中单击【跟踪运动】按钮，如图 14-2 所示。

图 14-1

图 14-2

此时在【图层查看器】窗口中心会出现"跟踪点 1"，因为要跟踪算式，X 是一个明显的点，可以将其设为跟踪点。指针移动至 0 秒处，将"跟踪点 1"移动至 X 上，如图 14-3 所示。

"跟踪点 1"有大小两个方框，大方框表示搜索范围，小方框表示跟踪范围，要保证小方框完全框住选择的跟踪点。

在【跟踪器】面板中单击【向前分析】按钮，如图 14-4 所示。

图 14-3　　　　　　　　　　图 14-4

After Effects 会自动计算 X 的运动轨迹并生成运动轨迹，如图 14-5 所示。

新建空对象，回到【合成查看器】窗口，将空对象移动到 X 处，如图 14-6 所示。

图 14-5　　　　　　　　　　图 14-6

进入【图层查看器】窗口，在【跟踪器】面板单击【编辑目标】按钮，在弹出的【运动目标】对话框中将【图层】选择为【1. 空 1】，单击【确定】按钮，如图 14-7 所示。

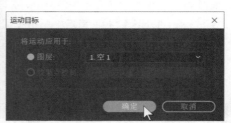

图 14-7

在【跟踪器】面板中单击【应用】按钮，在弹出的【动态跟踪器应用选项】对话框中将【应用维度】选择为【X 和 Y】，单击【确定】按钮，如图 14-8 所示。

图 14-8

回到【合成查看器】窗口，可以看到 X 的运动轨迹已经被继承到了空对象上，此时空对象会跟踪 X 运动，如图 14-9 所示。

在【项目】面板将素材"算式 .mp4"重复拖曳到【时间轴】面板，放于空对象下层，并重命名为"答案"，如图 14-10 所示。

图 14-9　　　　　　　　　　　　　　　图 14-10

选择图层 #2"答案"右击，选择【时间】-【冻结帧】选项，使用【钢笔工具】将 5 圈出，然后将指针移动到 0 秒处，将圈出的 5 移动到"X="后方，如图 14-11 所示。

图 14-11

将图层 #2"答案"作为图层 #1"空 1"的子级，如图 14-12 所示。

按空格键播放预览，"答案"会跟随镜头一起移动，将图层 #2"答案"的混合模式改为【变暗】，使其与背景更好地融合。最终效果制作完成，如图 14-13 所示。

图 14-12　　　　　　　　　　　　　　　图 14-13

2．两点跟踪

当视频画面有旋转或缩放或者两者都有的时候，使用单点跟踪就不能准确地进行跟踪，此时就需要应用两点跟踪。

新建项目，导入提供的素材"立交桥 .mp4"，使用素材创建合成，如图 14-14 所示。

图 14-14

播放预览，可以看到画面不仅有旋转，还有缩放。选择图层 #1 "立交桥"，在【跟踪器】面板中单击【跟踪运动】按钮，然后选中【旋转】和【缩放】复选框，此时【图层查看器】窗口会出现两个跟踪点，如图 14-15 所示。

图 14-15

指针移动到 0 秒处，将两个跟踪点移动到两个明显的点上，如图 14-16 所示。

在【跟踪器】面板中单击【向前分析】按钮，分析完毕后【图层查看器】窗口会出现两个跟踪点的运动轨迹，如图 14-17 所示。

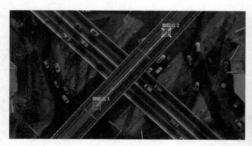

图 14-16

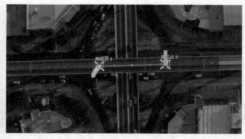

图 14-17

新建空对象，在【跟踪器】面板单击【编辑目标】按钮，在弹出的【运动目标】对话框中将【图层】选择为【1.空 1】。然后在【跟踪器】面板中单击【应用】按钮，在弹出的【动态跟踪器应用选项】对话框中将【应用维度】选择为【X 和 Y】，单击【确定】按钮，空对象会继承 "跟踪点 1" 的运动轨迹，如图 14-18 所示。

将指针移动到 0 秒处，新建文本层 "特大立交桥"，调节【旋转】属性使其贴着桥的一侧，如图 14-19 所示。

图 14-18

图 14-19

将文本层作为空对象的子级，按空格键播放预览，文本层便跟随镜头一起旋转并缩放，如图 14-20 所示。

图 14-20

3. 四点跟踪

四点跟踪常用于动态贴图或者替换画面中的内容，前提条件是画面中能找到四个比较明显的点作为跟踪点。

新建项目，导入提供的素材"客厅 .mp4"，使用素材创建合成，如图 14-21 所示。

图 14-21

需要制作的内容为将沙发上方相框内的图片替换掉。选择图层 #1"客厅"，在【跟踪器】面板单击【跟踪运动】按钮，将【跟踪类型】选择为【透视边角定位】，此时【图层查看器】窗口会出现四个跟踪点，如图 14-22 所示。

图 14-22

指针移动到 0 秒处，将四个跟踪点移动到相框的四个内角点上，如图 14-23 所示。

单击【向前分析】按钮，分析完成后【图层查看器】窗口会出现四个跟踪点的运动轨迹，如图 14-24 所示。

图 14-23   图 14-24

导入提供的素材"云海.jpg"，拖曳至【时间轴】面板，放于最上层，进入【图层查看器】窗口，选择图层 #2"客厅"激活【跟踪器】面板，单击【编辑目标】按钮，在弹出的【运动目标】对话框中将【图层】选择为【1. 云海.jpg】，如图 14-25 所示。

单击【应用】按钮，"云海"便会贴合到相框内并且跟随相框运动，替换效果制作完成，如图 14-26 所示。

图 14-25   图 14-26

14.3 案例——替换电视画面

本案例要制作替换绿屏电视的内容，如图 14-27 所示。

图 14-27

操作步骤如下。

（1）新建项目，导入提供的素材"电视绿屏 .mp4"和"演唱会 .mp4"，使用素材"电视绿屏 .mp4"创建合成。

（2）选择图层 #1"电视绿屏"，在【跟踪器】面板单击【跟踪运动】按钮，将【跟踪类型】选择为【平行边角定位】，此时【图层查看器】窗口会出现四个跟踪点，如图 14-28 所示。

（3）指针移动到 0 秒处，将跟踪点 1 ~ 跟踪点 3 移动到电视上标好的三个跟踪点上，跟踪点 4 会自动移动到第四个跟踪点上，如图 14-29 所示。

图 14-28   图 14-29

（4）单击【向前分析】按钮，分析完成后【图层查看器】窗口会出现四个跟踪点的运动轨迹，如图 14-30 所示。

（5）将素材"演唱会 .mp4"拖曳至【时间轴】面板，按快捷键 Ctrl+Shift+C 进行预合成，命名为"屏幕"；双击图层 #2"电视绿屏"进入【图层查看器】窗口，在【跟踪器】面板单击【编辑目标】按钮，在弹出的【运动目标】对话框中将【图层】选择为【1.屏幕】；单击【应用】按钮，此时图层 #2"屏幕"便会贴合到四个跟踪点处，如图 14-31 所示。

图 14-30   图 14-31

（6）细看会发现图层 #2"屏幕"对素材"演唱会 .mp4"进行了裁切，并没有完全显示素材内容，这是因为预合成"屏幕"的尺寸要小于素材"演唱会.mp4"的尺寸。双击图层 #1"屏幕"，进入合成内部，选择图层 #1"演唱会"执行【图层】-【变换】-【适合复合】命令，此时画面会完全显示，如图 14-32 所示。

（7）选择图层 #1"屏幕"，更改【缩放】属性值，将画面放大至整个电视屏幕，如图 14-33 所示。

图 14-32 　　　　　　　　　　　　　　　　图 14-33

（8）为了防止电视画面压住电视的边框，将图层 #1"屏幕"移至底层。选择图层 #1"电视绿屏"，执行【效果】-【抠像】-【颜色范围】命令，使用【颜色范围】效果中的"主色吸管"和"加号吸管"工具在电视的绿色屏幕上单击，并调节最小值、最大值的属性值，在尽可能不影响电视边框的情况下达到抠像的最佳状态，如图 14-34 所示。

图 14-34

（9）此时电视边框周围还留有明显的绿边，选择图层 #1"电视绿屏"，执行【效果】-【遮罩】-【遮罩阻塞工具】命令，调节相关属性值，去除绿边，如图 14-35 所示。

图 14-35

（10）去除电视屏幕上的跟踪点，选择图层 #1"电视绿屏"，将指针移动到 0 秒处，使用【矩形工具】绘制一个矩形蒙版，将跟踪点全部框进去，蒙版模式选择为【相减】，如图 14-36 所示。

（11）选择图层 #1"电视绿屏"，展开【蒙版】属性，为【蒙版路径】属性创建关键帧。指针移动到合成最后一帧，将蒙版移动到电视上，自动生成第二个关键帧，保持蒙版始终框选跟踪点，如图 14-37 所示。

图 14-36

图 14-37

（12）替换电视画面效果制作完成，按空格键播放预览。

14.4　3D 摄像机跟踪器及应用

跟踪摄像机会自动捕捉画面中大量的点，而不用人为地再去指定跟踪点，其主要作用是进行摄像机反求，也就是通过画面的运动反推出摄像机的运动方式，然后将对象应用于摄像机，从而和画面匹配。

新建项目，导入提供的素材"涂鸦 .mp4"，使用素材创建合成，如图 14-38 所示。

图 14-38

选择图层 #1"涂鸦"，执行【效果】-【透视】-【3D 摄像机跟踪器】命令，或者直接在【跟踪器】面板单击【跟踪摄像机】按钮，此时【合成查看器】窗口中会提示"在后台分析（第 1 步，共 2 步）"，之后提示"解析摄像机"。解析完成后，【合成查看器】窗口中会出现很多的点，如图 14-39 所示。

图 14-39

当鼠标指针在这些点上移动时，会出现一个红色的圆盘，表示透视关系，选择不同的点会有不同的透视关系，如图 14-40 所示。

下面制作在地面上添加涂鸦的效果，选择地面上的一些点，查看透视关系，直至透视正确，如图 14-41 所示。

图 14-40   图 14-41

在圆盘上右击，在弹出的菜单里选择【创建实底和摄像机】选项，如图 14-42 所示。

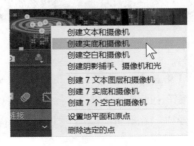

图 14-42

【时间轴】面板会新增"3D 跟踪器摄像机"和"跟踪实底 1"两个图层，【合成查看器】
窗口会显示新增的实底，并且实底会紧贴地面一起运动，如图 14-43 所示。

图 14-43

导入提供的素材"椰子树 .png"，选择图层 #1"跟踪实底 1"，按住 Alt 键的同时将素材"椰
子树 .png"从【项目】面板拖曳到【时间轴】面板的"跟踪实底 1"上完成替换，如图 14-44 所示。

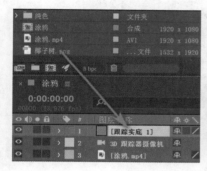
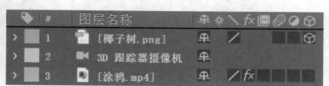

图 14-44

调节图层 #1"椰子树"的【位置】【旋转】【缩放】属性值，使其更符合近大远小的透视效果，
如图 14-45 所示。

将图层 #1 的混合模式改为【叠加】，最终效果制作完成，如图 14-46 所示。

图 14-45　　　　　　　　　　　图 14-46

14.5 案例——跑酷分身效果

本案例效果如图 14-47 所示。

图 14-47

操作步骤如下。

（1）新建项目，导入提供的素材"跑酷 .mp4"和"金币 .png"，使用素材"跑酷 .mp4"创建合成，如图 14-48 所示。

图 14-48

（2）选择图层 #1"跑酷"，在【跟踪器】面板单击【跟踪摄像机】按钮，等待摄像机解析完成，如图 14-49 所示。

图 14-49

（3）指针移动到 4 秒 21 帧处，选择合适的跟踪点右击，在弹出的菜单中选择【创建空白和摄像机】选项，如图 14-50 所示。

图 14-50

（4）选择图层 #3 "跑酷"，按快捷键 Ctrl+D 复制一层，并将上层命名为 "分身 1"。选择图层 #3 "分身 1"，执行【图层】-【时间】-【冻结帧】命令，并在【效果控件】面板删除【3D摄像机跟踪器】效果，使用【钢笔工具】将人物抠出，将出点修剪至 4 秒 21 帧，如图 14-51 所示。

图 14-51

（5）开启图层 #3 "分身 1" 的 3D 开关，复制图层 #1 "跟踪为空 1" 的【位置】属性，粘贴到图层 #3 "分身 1" 的【位置】属性上，此时 "分身 1" 会跟随摄像机运动，但是位置和大小不正确，如图 14-52 所示。

图 14-52

（6）调节图层 #3 "分身 1" 的【位置】【旋转】【缩放】属性，使其和原人物重合，如图 14-53 所示。

图 14-53

（7）将素材"金币.png"拖曳至【时间轴】面板，放于图层 #3"分身 1"上方，开启 3D 开关，出点也修剪至 4 秒 21 帧，将图层 #1"跟踪为空 1"的【位置】属性粘贴给图层 #3"金币"，调节图层 #3"金币"的【缩放】和【位置】属性，使"金币"位于人物头顶，如图 14-54 所示。

图 14-54

（8）指针移动到 0 秒处，为图层 #3"金币"的【位置】属性创建关键帧；指针移动到 1 秒处，将"金币"向上移动一点，自动创建第二个关键帧；指针移动到 2 秒处，选择前两个关键帧复制粘贴，使金币上下往复运动。重复操作直至图层出点，全选所有关键帧转换为缓动关键帧，如图 14-55 所示。

图 14-55

（9）至此第一个分身效果制作完成，指针移动到 7 秒 14 帧处，选择图层 #5"跑酷"，按快捷键 Ctrl+D 复制一层，将复制的图层移动到第一层并命名为"分身 2"，选择图层 #1"分身 2"，执行【图层】-【时间】-【冻结帧】命令，并在【效果控件】面板删除【3D 摄像机跟踪器】效果，使用【钢笔工具】将人物抠出，将出点修剪至 7 秒 14 帧，如图 14-56 所示。

图 14-56

（10）开启图层 #1"分身 2"的 3D 开关，将图层 #2"跟踪为空 1"的【位置】属性粘贴给图层 #1"分身 2"，同样操作调节图层 #1"分身 2"的【位置】【旋转】【缩放】属性值，使"分身 2"和原人物重合，如图 14-57 所示。

图 14-57

（11）选择图层 #4 "金币"，按快捷键 Ctrl+D 复制一层，命名为 "金币 2" 并移动到最上层，将图层 #1 "金币 2" 的出点修剪至 7 秒 14 帧，补全剩余的循环关键帧，如图 14-58 所示。

图 14-58

（12）新建空对象，开启 3D 开关，将其作为 "金币 2" 的父级，调节图层 #1 "空 1" 的【位置】属性，使 "金币 2" 移动到 "分身 2" 的头顶上，并将图层 #2 "金币 2" 的【缩放】属性值改为 6.0,6.0,6.0%，使其符合近大远小的透视效果，如图 14-59 所示。

图 14-59

（13）重复同样的操作方法，在 10 秒 23 帧处制作 "分身 3" 以及 "金币 3"，如图 14-60 所示。

图 14-60

（14）跑酷分身效果制作完成，按空格键播放预览最终效果。

14.6　画面的稳定

如果拍摄的视频或者视频素材有抖动现象，就需要对其进行增稳工作，在 After Effects 中常用的稳定方法有两种，下面分别进行介绍。

新建项目，导入提供的素材"唱片机 .mp4"，使用素材创建合成，如图 14-61 所示。

图 14-61

播放预览，可以看到画面存在比较严重的抖动现象。

1．变形稳定器

选择图层 #1 "唱片机" 右击，在弹出的菜单中选择【跟踪和稳定】-【变形稳定器 VFX】选项，或者直接在【跟踪器】面板单击【变形稳定器】按钮，此时【合成查看器】窗口中会提示"在后台分析（第 1 步，共 2 步）"，之后会出现提示"稳定"，如图 14-62 所示。

图 14-62

分析完成后画面抖动便会消失，【变形稳定器】是一种自动消除抖动的方法，不需要人为地选择画面上的点进行分析计算。

在【效果控件】面板中，【结果】属性有【平滑运动】和【无运动】两个选项，如图 14-63 所示。

图 14-63

默认选择【平滑运动】选项，表示只是去除画面的抖动，但是保留原始的摄像机移动并且使其更平滑。【无运动】选项表示会去除所有的摄像机运动。

2．稳定运动

选择图层 #1 "唱片机"，删除【变形稳定器】效果，在【跟踪器】面板单击【稳定运动】按钮，并选中【旋转】复选框，【图层查看器】窗口会出现两个跟踪点，如图 14-64 所示。

图 14-64

将两个跟踪点移动到如图 14-65 所示的位置。

单击【向前分析】按钮，分析结束后【图层查看器】窗口会出现两个跟踪点的运动轨迹，如图 14-66 所示。

图 14-65　　　　　　　　　　　　　　　　图 14-66

在【跟踪器】面板中单击【应用】按钮，会弹出【动态跟踪器应用选项】对话框，【应用维度】选择【X 和 Y】，单击【确定】按钮，如图 14-67 所示。

播放视频，发现素材已经稳定，但是素材会移出合成范围，如图 14-68 所示。

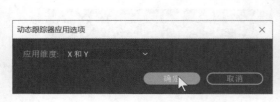

图 14-67　　　　　　　　　　　　　　　　图 14-68

　　选择图层 #1"唱片机"进行预合成，更改预合成的【缩放】和【位置】属性值，将画面填满合成，稳定视频制作完成，如图 14-69 所示。

图 14-69

14.7　蒙版跟踪

　　如果想使绘制的蒙版跟随画面中运动的对象或者运动镜头中的对象一起运动，需要对【蒙版路径】属性创建关键帧动画，除此之外，After Effects 还提供了一种更快捷的方法，就是【跟踪蒙版】功能。

　　新建项目，导入提供的素材"城市 .mp4"，使用素材创建合成，如图 14-70 所示。

图 14-70

　　通过制作一个科技大楼的案例讲解【跟踪蒙版】的具体用法。选择图层 #1"城市"，按快捷键 Ctrl+D 复制一层，将上层重命名为"跟踪"。将指针移动到 0 秒处，使用【钢笔工具】绘制两个蒙版，将如图 14-71 所示的楼体抠出。

　　展开图层 #1"跟踪"的【蒙版】属性，选择【蒙版 1】右击，选择【跟踪蒙版】选项，如图 14-72 所示。

图 14-71

图 14-72

在弹出的【跟踪器】面板中单击【向前跟踪所选蒙版】按钮，软件会自动计算并生成【蒙版路径】关键帧，如图 14-73 所示。

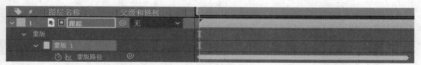

图 14-73

【蒙版跟踪】功能并不能保证蒙版会跟踪得非常完美，所以对于跟踪不准的位置，随时按空格键暂停跟踪，然后手动调节蒙版，调节好后单击【向前跟踪所选蒙版】按钮继续跟踪，直至跟踪完成。

同样操作完成【蒙版 2】的跟踪。

导入提供的素材"数据流.mp4"，在【项目】面板选择素材右击，然后在弹出的菜单中选择【解释素材】-【主要】选项，将【循环】的属性值改为 5，如图 14-74 所示。

将素材"数据流.mp4"拖曳至【时间轴】面板，放于图层 #1"跟踪"下方，并将其【缩放】属性值改为 200.0,200.0%，如图 14-75 所示。

图 14-74　　　　　　　　　　　　　　　　　　图 14-75

将图层 #2"数据流"的混合模式选择为【相加】，轨道遮罩选择为【Alpha 遮罩"跟踪"】，最终效果制作完成，如图 14-76 所示。

图 14-76

14.8　总结

在进行合成制作的时候，大都需要进行跟踪操作，毕竟固定镜头是少之又少的，运动镜头占大多数，所以如果想从事合成工作，一定要精通跟踪操作。

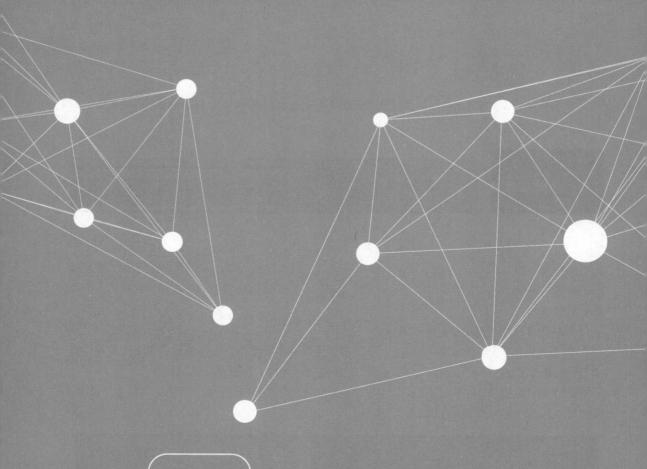

Ae

第 15 章
渲染导出

合成内的所有动画及效果制作完成以后，要渲染导出最终影片才算工作完成。本章来学习关于渲染导出的相关内容。

15.1　什么是渲染

渲染是从合成创建影片帧的过程。帧的渲染是依据构成该图像模型的合成中的所有图层、设置和其他信息，创建合成的二维图像的过程。影片的渲染是构成影片的每个帧的逐帧渲染。

15.2　使用渲染队列导出成片

每个合成都可以单独进行导出，选择合成，执行【合成】-【添加到渲染队列】命令，快捷键为 Ctrl+M，即可打开【渲染队列】面板，如图 15-1 所示。

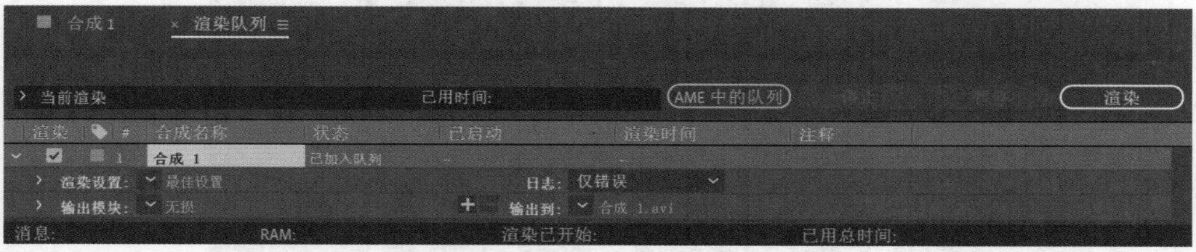

图 15-1

在【渲染队列】面板中单击【渲染设置】后面的下拉箭头，选择【自定义】选项，或者直接单击【最佳设置】按钮，即可弹出【渲染设置】对话框，可以对渲染的品质、分辨率、帧速率等属性进行设置，如图 15-2 所示。

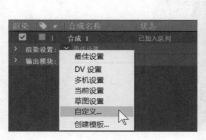

图 15-2

在【渲染队列】面板中单击【输出模块】后面的下拉箭头，选择【自定义】选项，或者直接单击【无损】按钮，即可弹出【输出模块设置】对话框，可以对格式、通道、大小、音频输出等进行设置，如图 15-3 所示。

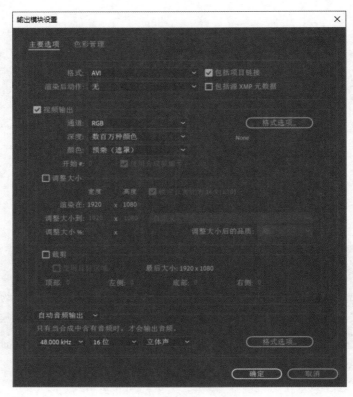

图 15-3

（1）【格式】：用于设置所输出的格式，展开其下拉菜单，会看到 After Effects 所支持输出的文件格式，如图 15-4 所示。

图 15-4

可以输出【AVI】和【QuickTime】（MOV）两种视频格式，【AIFF】【MP3】【WAV】三种音频格式以及【"JPEG"序列】等十种序列格式，可以根据工作的需要自行选择。

如果要输出视频文件，选定视频格式后还需要对视频编解码器进行选择，以便对视频进行压缩，压缩的本质是减小影片的大小，从而便于人们高效存储、传输和回放影片。压缩由编码器实现，解压缩由解码器实现，编码器和解码器共同称为编解码器。没有哪个编解码器或一组设置是适用于所有情况的。

例如，要输出 MOV 格式的视频，输出格式选择【QuickTime】，单击【格式选项】按钮，弹出【QuickTime 选项】对话框，展开【视频编解码器】下拉菜单可以看到所有支持的编解码器，根据需要选择即可，如图 15-5 所示。

图 15-5

（2）【视频输出】：可以对输出视频的【通道】进行设置，有【RGB】【Alpha】【RGB+Alpha】三种，如图 15-6 所示，这里注意并非所有的编解码器都支持 Alpha 通道。

图 15-6

（3）【调整大小】：指定输出视频的大小，默认与合成大小保持一致，选中该复选框后可以对大小进行调整。

（4）【裁剪】：用于在输出视频的顶部、左侧、底部和右侧减去或增加像素行或列。

输出模块设置完成后，单击【渲染队列】面板【输出到】旁边的蓝字，打开【将影片输出到：】对话框，选择影片的输出位置，修改文件名称，单击【保存】按钮，即可指定视频的输出路径，如图 15-7 所示。

图 15-7

输出路径设置完成后，单击【渲染】按钮即可开始渲染，如图 15-8 所示。

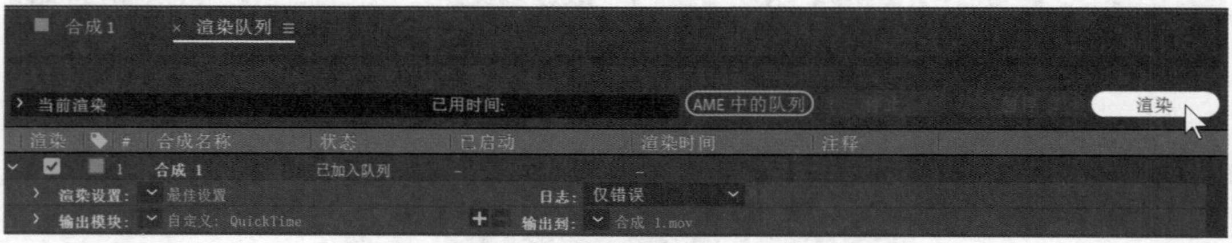

图 15-8

　　一个合成可以同时输出多种不同格式的文件，在【渲染队列】面板中选择要输出的合成，执行【合成】-【添加输出模块】命令，或者单击【输出到】左边的➕按钮，即可添加一个新的输出模块，如图 15-9 所示。

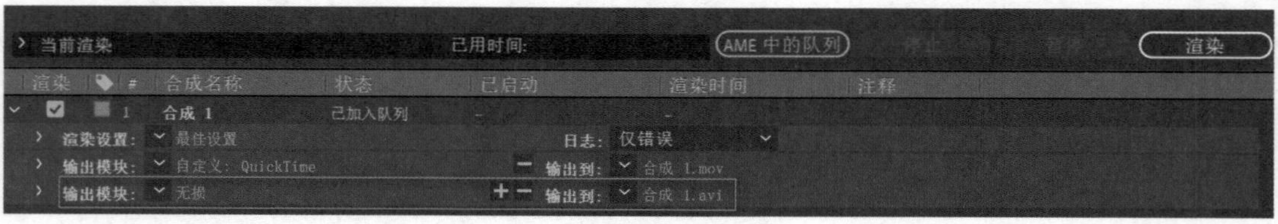

图 15-9

15.3　渲染导出静止图像

　　除了可以输出视频、帧序列、音频文件，After Effects 还可以将合成的单个帧导出为静止图像。

　　将指针移动到需要导出单帧的时间处，执行【合成】-【帧另存为】-【文件】命令，也会打开【渲染队列】面板，选择需要输出的图像格式，设置好输出路径，单击【渲染】按钮即可输出单帧的静止图像。

　　执行【合成】-【帧另存为】-【Photoshop 图层】命令，会弹出【另存为】对话框，修改文件名称，指定好保存路径后，单击【保存】按钮即可，如图 15-10 所示。此方法保存的 PSD 文件包含 After Effects 合成中单个帧的所有图层，方便在支持 Photoshop 图层的软件中进行编辑。

图 15-10

15.4　预渲染

　　对于复杂的合成，一个合成中会有很多的嵌套合成，实时预览渲染需要很长时间，过载预览不动是常有的现象。如果某些嵌套合成已经无须进一步处理，这种情况就可以对这些嵌套合成进行预渲染，将其替换为渲染的影片，为操作过程节省大量时间。

　　在【项目】面板中选择要进行预渲染的嵌套合成，执行【合成】-【预渲染】命令，打开【渲染队列】面板，渲染设置完成后，单击【渲染】按钮即可进行预渲染，如图 15-11 所示。

图 15-11

　　当然，预渲染后仍可对嵌套合成进行修改，但是如果改动较大，则需要重新进行预渲染。

15.5 创建渲染模板

对于使用频率很高的【输出模块】设置，可以将其保存为模板，在渲染的时候直接调用，可以提高工作效率。

在【渲染队列】面板单击【输出模块】右侧的下拉箭头，在弹出的菜单里选择【创建模板】选项，如图 15-12 所示。

在弹出的【输出模块模板】对话框里，单击【编辑】按钮可以进行模板的设置，设置完成后修改模板名称，单击【确定】按钮即可创建模板，如图 15-13 所示。

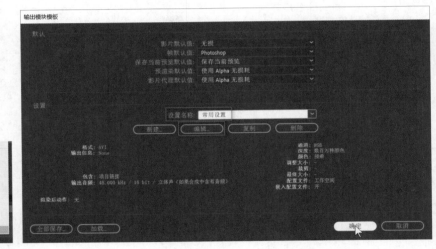

图 15-12　　　　　　　　　　　　　　　　　图 15-13

单击【输出模块】右侧的下拉箭头，在弹出的菜单里可以找到创建的模板，单击即可直接应用，如图 15-14 所示。

图 15-14

15.6 使用 Adobe Media Encoder 渲染导出

Adobe Media Encoder（AME）是 Adobe 自带的编码转码软件，可以提供更多的编码格式，快速地以最佳质量比压缩视频，AE 的合成可以轻松地导入到 AME，并能以队列形式进行批量输出。

　　AME 的界面如图 15-15 所示，可以直接将文件拖曳到【队列】面板中，也可以单击【添加源】按钮█选择要编码的源文件。

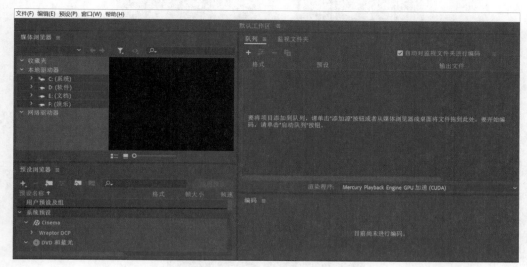

图 15-15

- 【媒体浏览器】面板：用于直接浏览计算机中的文件。
- 【队列】面板：支持多个项目进行队列转码输出。
- 【预设浏览器】面板：可以将不同的预设直接拖曳到【队列】面板中的文件上进行应用。预设已经根据类型做好归类，【预设浏览器】面板中支持【新建预设】█、【新建预设组】█、【编辑预设】█、【导入预设】█、【导出预设】█等功能。
- 【编码】面板：提供有关每个编码项目的状态信息，显示每个编码输出的缩略图预览、进度条和完成时间估算。

　　在 After Effects 中选择要进行渲染导出的合成，执行【合成】-【添加到 Adobe Media Encoder 队列】命令，或者在【渲染队列】面板中单击【AME 中的队列】按钮，如图 15-16 所示，可以直接启动 AME 并将合成添加到队列。

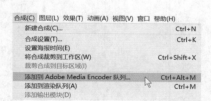

图 15-16

在【队列】面板中单击【格式】或【预设】的下拉箭头可以选择需要的格式和预设，如图 15-17 所示。或者直接单击蓝色文本弹出【导出设置】窗口，进行更详细的设置，如图 15-18 所示。

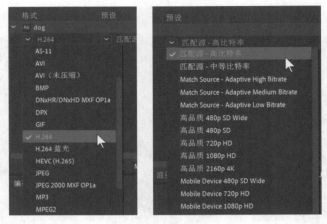

图 15-17

图 15-18

设置完成后，单击【队列】面板右上角的【启动队列】按钮▶即可进行渲染输出。

15.7 收集文件

若想将项目复制到其他计算机进行编辑，只复制项目文件是不行的，还需要将项目用到的所有素材一起复制才行，但是要找到所有的素材也是一件耗时耗力的工作，而 After Effects 提供的【收集文件】功能可以一键将项目中包含的素材、文件夹、项目文件等收集到一个统一的文件夹里，保证项目及所有素材的完整性，方便项目的移动及备份。

执行【文件】-【整理工程（文件）】-【收集文件】命令，弹出【收集文件】对话框，【收集源文件】选择【全部】，单击【收集】按钮，会弹出【将文件收集到文件夹中】对话框，指定保存路径，单击【保存】按钮，所有文件便会收集到一个统一的文件夹，如图 15-19 所示。

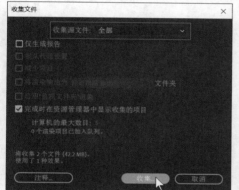

图 15-19

15.8 总结

至此，我们已经学完了书中的全部理论内容，下章还有三个综合案例应用讲解。本书涵盖了 After Effects 软件工作中较常使用的大部分功能，熟练掌握书中所讲技术便可完成常规的动画以及合成工作。

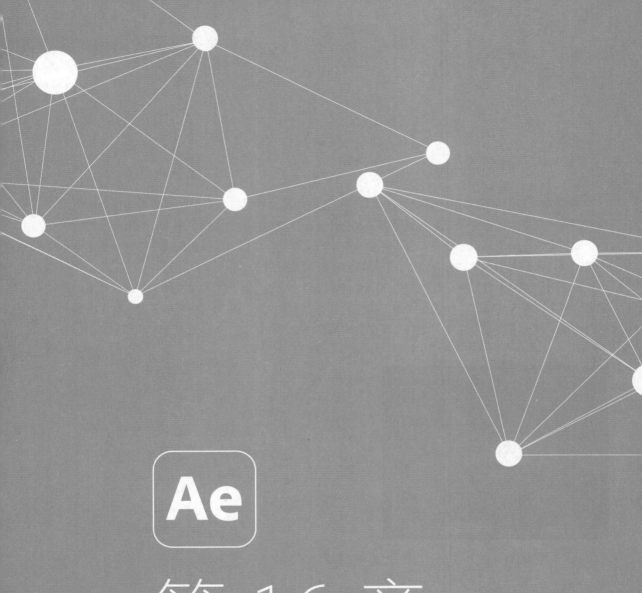

Ae

第 16 章

综合案例

16.1　综合案例——水面结冰效果

本案例效果如图 16-1 所示。

图 16-1

操作步骤如下。

（1）新建项目，新建合成，宽度为 1920 px，高度为 1080 px，帧速率为 25 帧 / 秒，持续时间为 10 秒，导入提供的素材"岛屿 .mp4"，拖曳至【时间轴】面板，如图 16-2 所示。

（2）选择图层 #1"岛屿"，执行【效果】-【透视】-【3D 摄像机跟踪器】命令，等待摄像机分析和解析完成，生成跟踪点，如图 16-3 所示。

图 16-2　　　　　　　　　　　　　　　图 16-3

（3）选择合适的跟踪点右击，在弹出的菜单中选择【创建实底和摄像机】选项，添加【3D跟踪器摄像机】，如图 16-4 所示。

图 16-4

（4）新建纯色层，命名为"冰"，为其添加【分形杂色】效果，将【对比度】属性值增大、

【亮度】属性值减小、【复杂度】属性值降低，如图 16-5 所示。

图 16-5

（5）选择图层 #1 "冰"，为其添加【CC Vector Blur】效果，【Type】选择为【Constant Length】（固定长度），【Amount】属性值改为 200.0，【Ridge Smoothness】属性值改为 0.00，【Map Softness】属性值改为 30.0，使杂色有冰的质感，如图 16-6 所示。

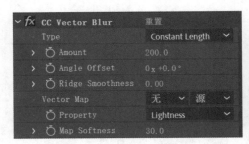

图 16-6

（6）此时 "冰" 含有大量黑色和灰色，需要将其去掉。新建白色纯色层，放于 "冰" 的下方，将图层 #2 "白色 纯色 1" 的轨道遮罩选择为【亮度遮罩 "冰"】，如图 16-7 所示。

图 16-7

（7）选择图层 #1 和图层 #2 进行预合成，命名为 "冰面"，为其添加【色调】效果，调节 "冰" 的颜色使其偏青一些，如图 16-8 所示。

图 16-8

（8）开启图层 #1 "冰面" 的 3D 开关，按住 Shift 键将其设置为图层 #2 "跟踪实底 1" 的子级，并隐藏图层 #2 "跟踪实底 1"，设置图层 #1 "冰面" 的【位置】和【缩放】属性，使其铺满整个水面，如图 16-9 所示。

图 16-9

（9）此时 "冰面" 覆盖住了一部分岛屿，沿岛屿绘制蒙版，并为【蒙版路径】属性创建关键帧动画，使蒙版始终贴合岛屿，增大【蒙版羽化】的属性值，如图 16-10 所示。

图 16-10

（10）选择图层 #1 "冰面"，按快捷键 Ctrl+D 复制一层，并将其图层的混合模式改为【柔光】，使冰面看起来更厚一些，如图 16-11 所示。

图 16-11

（11）双击图层 #1 "冰面"进入合成内部，选择图层 #1 "冰"，指针移动到 2 秒处，为【分形杂色】效果下的【亮度】属性创建关键帧；指针移动 0 秒处，减小【亮度】属性值，直至冰面消失，制作冰面逐渐显现的效果，如图 16-12 所示。

（12）制作结冰时冷气升腾的效果，需要用到【Particular】效果。新建纯色层，命名为"冷气"，选择图层 #1 "冷气"，执行【效果】-【Trapcode】-【Particular】命令，如图 16-13 所示。

图 16-12 图 16-13

（13）冷气是从冰面上升起的，所以要让冰面发射粒子，将【发射器类型】选择为【图层】，并将【图层】选择为【3.冰面】，如图 16-14 所示。

图 16-14

（14）将粒子的发射速度，即【粒子/秒】属性值改为 300，【方向】选择为【方向】，使粒子向上发射，如图 16-15 所示。

图 16-15

（15）将【粒子类型】选择为【薄云】，增大粒子的【大小】属性值，并降低【不透明度】属性值，使其呈烟雾状，如图 16-16 所示。

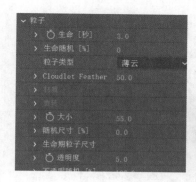

图 16-16

（16）调节【生命期不透明】曲线，使粒子不透明度逐渐增大后又变为 0，如图 16-17 所示。

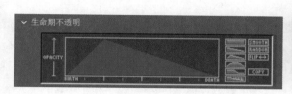

图 16-17

（17）播放预览，会发现冷气上升太快，将粒子的【速率】属性值改为 10.0，降低粒子上升速度，如图 16-18 所示。

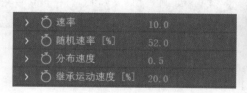

图 16-18

（18）水面结冰效果制作完成，按空格键播放预览最终效果。

16.2　综合案例——能量球效果

本案例效果如图 16-19 所示。

图 16-19

操作步骤如下。

（1）新建项目，新建合成，命名为"能量球"，宽度为 1920 px，高度为 1080 px，帧速率为 30 帧 / 秒，新建白色纯色层，为其添加【分形杂色】效果，如图 16-20 所示。

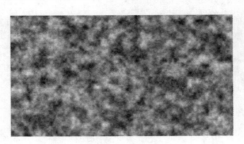

图 16-20

（2）将【分形类型】选择为【动态渐进】，增大【对比度】属性值，减小【亮度】属性值，使杂色呈现棉花状，如图 16-21 所示。

（3）指针移动到 0 秒处，为【演化】属性创建关键帧；指针移动到 10 秒处，将【演化】属性值改为 2x+0.0°，自动创建关键帧，使杂色有演化动画，如图 16-22 所示。

图 16-21

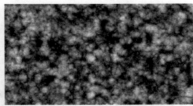

图 16-22

（4）继续为纯色层添加【CC Sphere】效果，增大【Radius】的属性值，将【Ambient】属性值改为 100.0，提高整体亮度，如图 16-23 所示。

图 16-23

（5）继续为纯色层添加【曲线】效果，将红色通道的曲线提高，降低绿色和蓝色通道的曲线，使球体呈现橙红色，如图 16-24 所示。

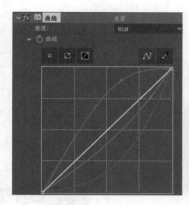

图 16-24

（6）再次为纯色层添加【发光】效果，使球体发光并有明显的光晕，如图 16-25 所示。

图 16-25

（7）选择图层 #1 "白色纯色 1" 进行预合成，命名为 "球"，新建纯色层，命名为 "闪电"，选择图层 #1 "闪电"，添加【高级闪电】效果，如图 16-26 所示。

（8）将【闪电类型】选择为【击打】，移动【源点】和【方向】的位置，如图 16-27 所示。

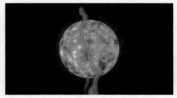

图 16-26

图 16-27

（9）更改闪电的【核心颜色】和【发光颜色】属性，使闪电也呈现橙红色，如图 16-28 所示。

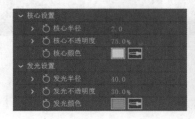

图 16-28

（10）此时闪电在球体内部，要让闪电环绕在球体外侧，选择图层 #1"闪电"，执行【效果】-【通道】-【设置遮罩】命令，并将【设置遮罩】效果移动到【高级闪电】效果上方，如图 16-29 所示。

图 16-29

（11）将【从图层获取遮罩】选择为【2. 球】，并增大【高级闪电】效果下的【Alpha 障碍】属性值，闪电即会环绕在球体外侧，如图 16-30 所示。

图 16-30

（12）指针移动到 0 秒处，为【高级闪电】下的【传导率状态】属性设置关键帧；指针移动到 10 秒处，将【传导率状态】的属性值改为 20.0，使闪电生成传导的动画效果，如图 16-31 所示。

图 16-31

（13）选择图层 #1"闪电"，复制三层，分别命名为"闪电 2""闪电 3""闪电 4"，调节每个闪电的【源点】和【方向】的属性值，使闪电围成一个圆环环绕在球体上，并将图层模式都改为【相加】，使闪电更亮，如图 16-32 所示。

图 16-32

（14）双击图层 #5"球"进入合成内部，将指针移动到 0 秒处，为【分形杂色】效果下的【偏移（湍流）】属性创建关键帧；指针移动到 10 秒处，将【偏移（湍流）】的属性值改为 1500.0,540.0，制作杂色向右移动的动画，模拟球体的转动，如图 16-33 所示。

图 16-33

（15）回到总合成，新建调整图层，为其添加【湍流置换】效果，将【数量】属性值改为 60.0，【大小】属性值改为 20.0，使能量球产生高低不平的效果，如图 16-34 所示。

图 16-34

（16）将指针移动到 0 秒处，为【湍流置换】效果的【演化】属性创建关键帧；指针移动到 10 秒处，将【演化】的属性值改为 5x+0.0°，模拟能量涌动的动画，如图 16-35 所示。

图 16-35

（17）能量球效果制作完成，按空格键播放预览最终效果。

16.3　综合案例——烈焰文字效果

本案例效果如图 16-36 所示。

图 16-36

操作步骤如下。

（1）新建项目，新建合成，命名为"烈焰文字"，宽度为 1920 px，高度为 1080 px，帧速率为 30 帧 / 秒，新建文本层"After Effects"，如图 16-37 所示。

（2）将文本层进行预合成，命名为"文本"，新建纯色层，添加【分形杂色】效果，如图 16-38 所示。

图 16-37　　　　　　　　　　　　　　　　　　图 16-38

（3）将【分形类型】选择为【动态渐进】，并选中【反转】复选框，使杂色呈现类似能量的形态，如图 16-39 所示。

图 16-39

（4）指针移动到 0 秒处，为【子位移】和【演化】属性创建关键帧；指针移动到 10 秒处，将【演化】属性值改为 3x+0.0°，【子位移】属性值改为 0.0,–1000.0,制作杂色涌动并向上移动的动画，模拟火焰的动态，如图 16-40 所示。

图 16-40

（5）将【子缩放】的属性值改为 65.0，增大模拟的火焰，如图 16-41 所示。

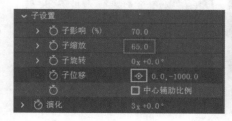

图 16-41

（6）将纯色层进行预合成，命名为"模拟火焰"，隐藏图层 #1"模拟火焰"，选择图

层 #2 "文本"，为其添加【置换图】效果，将【置换图层】选择为【1. 模拟火焰】，使文本产生透过热气观看的涌动效果，如图 16-42 所示。

图 16-42

（7）继续为图层 #2 "文本"添加【高斯模糊】效果，使文本产生火焰燃烧时的朦胧效果，如图 16-43 所示。

图 16-43

（8）新建黑色纯色层，命名为 "背景"，放于最下层，新建矩形形状图层，遮盖住文本，如图 16-44 所示。

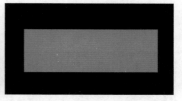

图 16-44

（9）开启图层 #2 "形状图层 1"的【调整图层】开关，并为其添加【高斯模糊】效果，使文本模糊，如图 16-45 所示。

图 16-45

（10）继续为图层 #2 "形状图层 1" 添加【CC Vector Blur】效果，将【Vector Map】选择为【4. 背景】，使文本向上模糊，如图 16-46 所示。

图 16-46

（11）继续为图层 #2 "形状图层 1" 添加【置换图】效果，【置换图层】选择为【1. 模拟火焰】，使文本产生火焰燃烧的效果，如图 16-47 所示。

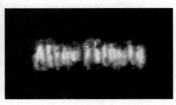

图 16-47

（12）将图层 #2 "形状图层 1" 的图层混合模式改为【排除】，显现出文本，如图 16-48 所示。

图 16-48

（13）取消隐藏图层 #1 "模拟火焰"，并将其图层混合模式改为【叠加】，丰富火焰的细节，如图 16-49 所示。

图 16-49

（14）新建调整图层，放于最上层，为其添加【曲线】效果，调节曲线，降低火焰亮度，并提高蓝色曲线和红色曲线，使火焰呈现蓝紫色，如图 16-50 所示。

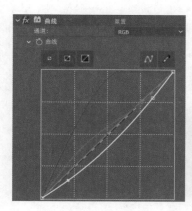

图 16-50

（15）继续为调整图层添加【发光】效果，使火焰更明亮并有光晕，如图 16-51 所示。

图 16-51

（16）继续为调整图层添加【锐化】效果，使文本清晰一些，如图 16-52 所示。

图 16-52

（17）至此烈焰文字效果制作完成，可以通过更改【曲线】效果来更改火焰的颜色。例如，更改为普通火焰的颜色，如图 16-53 所示。

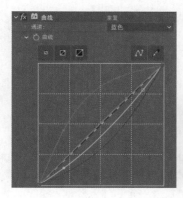

图 16-53